江戸からくり
Edo-karakuri

巻4 三番叟人形 復元
vol.4　The reproduction of Sanbasou doll

原 克文
Hara Katsufumi

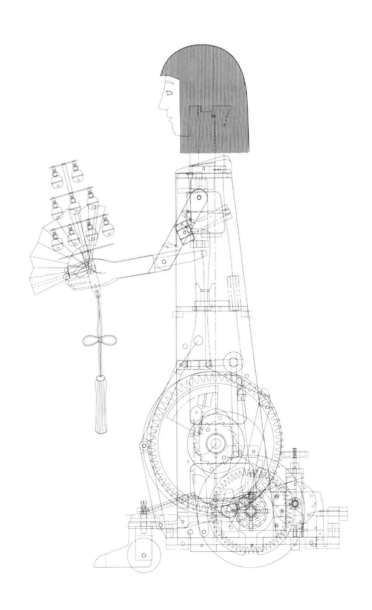

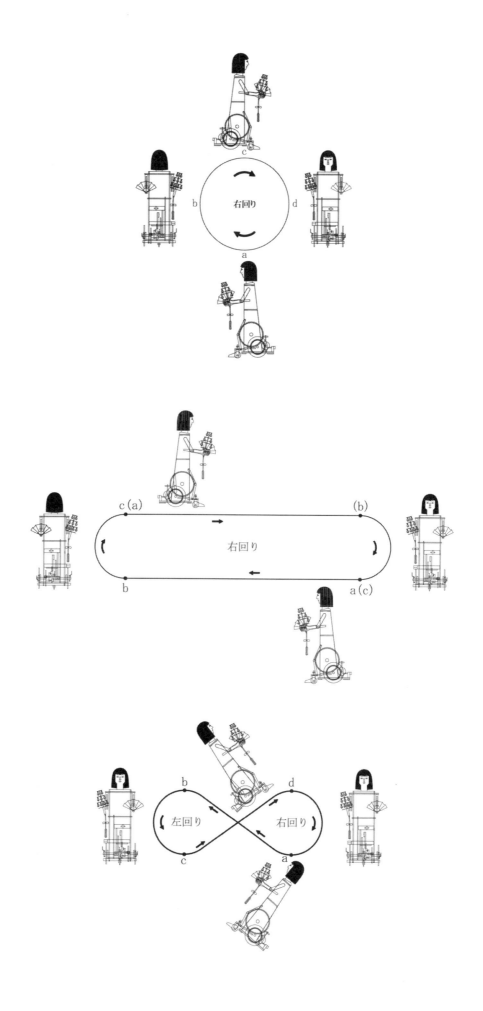

まえがき

江戸からくりの世界へようこそ。
この本は、江戸時代に作られていた「三番叟人形」を、材料や構造などに拘りをもち、江戸時代仕様に復元（改変）できるようにお手伝いする手引き書です。

三番叟人形は、大野弁吉（1801-1870）が作ったものが1体現存しているようですが、書物でしか見たことがありません。その三番叟人形は、左手で扇をかざし、右手で神楽鈴を鳴らし、円を描くように、舞踊るからくり人形のようです。

数年前から8の字を描く人形を作りたいと思い続けていました。最近、これなら出来そうだという機構を、ふと思いつきました。その機構を使って、どのような人形にしようかと思ったとき、書物の三番叟人形の写真と結びつきました。

大野弁吉の三番叟人形は、速度調節機構が地板後部に取り付けられているのが特徴です。その特徴を残して、方向転換機構の改変と動輪切換機構を新たに追加する構造を設計しました。

新たなからくり人形は、やはり一回ではうまくいかず、いろいろな部品の形や位置を変えて十数回の試作を繰り返しました。それでも何とか、思い描いていたとおり右回り、左回りを交互に繰り返し、8の字を描きながら舞踊る三番叟人形が完成しました。

これまでにない面白い動きのからくり人形になったと思います。
また、部品の一部取り外しや糸の張り具合を変えたりするだけで、大野弁吉の三番叟人形のように円を描く人形にしたり、茶運び人形のようにトラックを描く人形にしたりと、簡単に変えることができます。
色々な遊び方が出来る、楽しめる人形になりました。

三番叟人形は、ほとんど見ることもない人形なので、あまり知られていないと思います。
そのような三番叟人形を多くの人に作ってもらいたいと思い、手引き書として既刊「江戸からくり」の続刊として加えることにしました。

手引き書は、初心者の人でも、この手引き書を見れば、三番叟人形が完成できる内容を目指しました。
すべての部品の製作図面を載せています。
ものづくりに精通している人は製作図面をみるだけで作れると思います。初心者の人や図面を見るのが苦手な人でも部品の加工方法が分かるように、加工方法の多くの写真と解説を載せています。人形の組立手順、調整の仕方、遊び方の写真と解説も載せています。また、衣装の型紙や持ち運びにも適した収納箱の製作図面、その作り方の写真と解説も載せています。

江戸からくりの代表的な茶運び人形を作られた人も、茶運び人形とは違った機構、違った動きをする三番叟人形を作ってみるのも楽しいと思います。

この手引き書を傍らに置き、三番叟人形作りに挑戦してみてはいかがでしょうか。

原　克文

目　次

	まえがき …………………………………………………………	3
一	江戸からくり人形いろいろ（原　克文製作・蔵）………………	5
二	人形を翫ぶ（もてあそ）…………………………………………	15
三	人形を作る ………………………………………………………	19
四	人形を組み立てる・調整する …………………………………	63
五	衣装を縫う・着せる ……………………………………………	79
六	収納箱を作る・収納する ………………………………………	85
七	製作図面 …………………………………………………………	89
	三番叟人形　組立図・部品図 …………………………………	91
	三番叟人形　衣装型紙 …………………………………………	127
	三番叟人形　収納箱　組立図・部品図 ………………………	135
	参考書籍・文献 …………………………………………………	143

一　江戸からくり人形いろいろ
（原　克文製作・蔵）

1　三番曳人形
（大野弁吉作・改変）

2　茶運び人形
（機巧図彙・復元）

3　茶酌娘
（田中久重作・複製）

4　段返り人形
（機巧図彙・復元）

5　連理返り人形
（機巧図彙・復元）

6　品玉人形
（機巧図彙・改変）

7　自動指南車・みちびき
（既存機構組合せ・創作）

8　弓曳き童子
（田中久重作・複製）

9　文字書き人形
（田中久重作・複製）

1a

1　三番叟人形（大野弁吉作・改変）　2017年作

祝言の舞を踊るからくり人形です。左手で扇をかざし、右手で神楽鈴を鳴らして、右回り、左回りを交互に繰り返し、8の字を描くように進みます。頭を左右に、足を上下に動かします。

大野弁吉作の三番叟人形を参考にして復元（改変）しています。

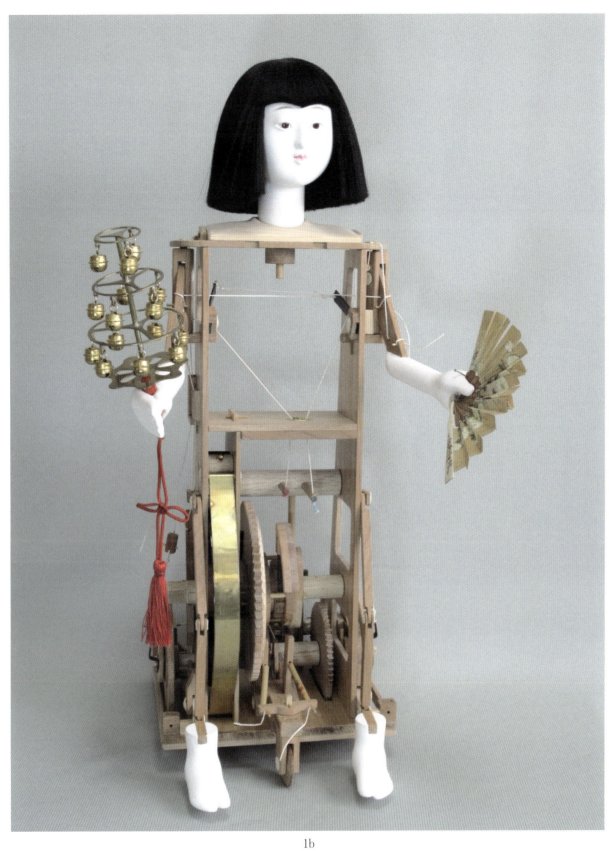

1b

1　三番叟人形（大野弁吉作・改変）2017年作

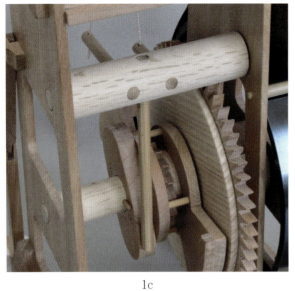

1c

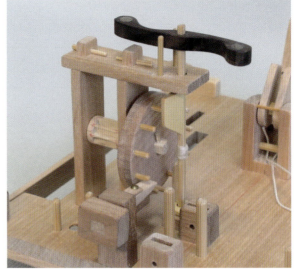

1d

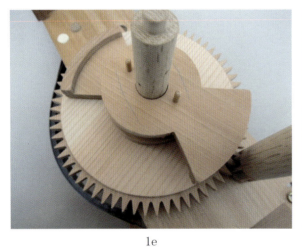

1e

1f

1g

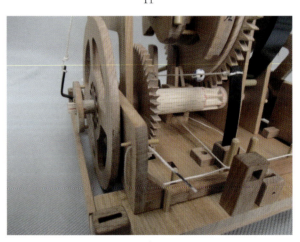

1h

1　三番叟人形（大野弁吉作・改変）　2017年作

1c　腕制御機構　左右の腕の動きを制御します。

1d　速度調節機構　ゆっくりと進むように制御します。

1e.f　方向転換機構　行戻り、楫取り爪、楫用管が二つずつあり、楫を左右に切ります。

1g.h　動輪切換機構　楫を切る直前に、回転方向に合うように、二つの畳すり車を同時に左右に動かします。
　　　　　　　　　右回りする時は、左に動き、左の車が動輪に、右の車はそのまま畳すり車になります。
　　　　　　　　　左回りは、その逆です。この機構を加えることで8の字を描く動きが出来ます。

1i

1j

1 三番叟人形（大野弁吉作・改変） 2017年作
　　1i 衣装（正木陽子作）　　1j 収納箱

 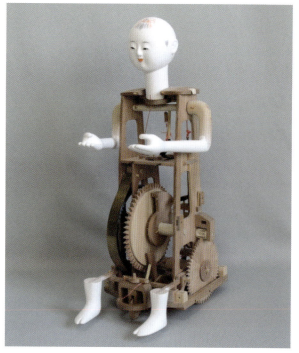

2a　　　　　　　　　　　　　　2b

2　茶運び人形（機巧図彙・復元）　2014年作

お茶を運びながら、主人と客の間を、トラックを描き進みます。1796年刊行「機巧図彙」（細川半蔵頼直著）とほぼ同じ仕様での復元です。江戸時代初期から作られていた代表的なからくり人形です。

3a　　　　　　　　　　　　　　3b

3　茶酌娘（田中久重作・複製）　2008年作

トラックを描き進むところは茶運び人形と同じです。田中久重（1799－1881）は、直進距離を長くしたり、お客さまの前で自動で止まるなどの改良を加え進化させました。止まってくれるおかげで、茶碗を三つ同時に運ぶこともできます。田中久重が作ったものが1体現存しています。

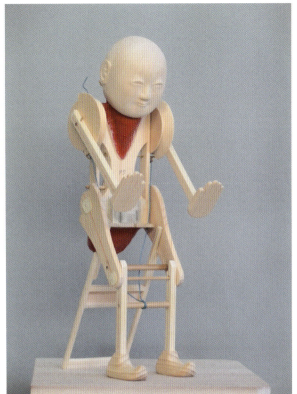

4a　　　　　　　　　　　　　　　　　4b

4　段返り人形（機巧図彙・復元）2015年作

水銀が頭と尻を行ったり来たりします。水銀の流動性と比重（約 13.5）を応用し、重心移動で、人形がバック転しながら、階段をおりていきます。

機巧図彙には、水銀を使ったからくり人形が二つ載っています。その一つが段返り人形です。水銀を使ったからくり人形は世界でも珍しいものです。二体とも、高さが306mmで機巧図彙の約2倍の大きさです。

5a　　　　　　　　　　　　　　　　　5b

5　連理返り人形（機巧図彙・復元）2016年作

二本の引合筒に水銀が入っています。二つの人形を二段にわけて置けば、上の人形は下の人形の頭を越して、一つ飛び越えた段に降り立ちます。前後入れ替わった人形が、同じように回転して、次々と段を降りていきます。機巧図彙に載っているもう一つの水銀からくり人形です。

5aは、引合筒が332mm、人形が155mmで機巧図彙の約1.8倍の大きさです。5bは、原寸大です。

6a

6b

6　品玉人形（機巧図彙・改変）　2010年作

人形が、右手に持った枡を上げ下げする度に、台上の品が、次々と変わります。左手に持った扇子で、枡の中には種も仕掛けもないという素振りをして、手品師がいかにも手品をしている動きをします。

7a

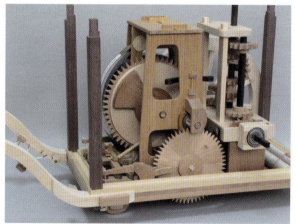

7b

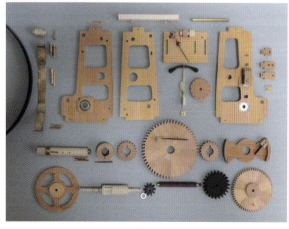

7c

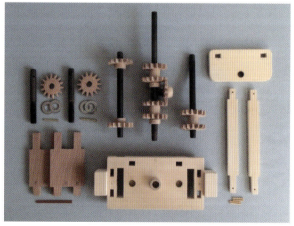

7d

7　自動指南車・みちびき（既存機構組合せ・創作）　2015年作

茶運び人形の駆動部と指南車を台車に載せて2個の歯車で連結しています。台車は、駆動部の働きでトラックを描き進みます。台車がどの向きになっても、仙人は指南車の歯車の働きで任意の向きを指し続けます。従者の頭が左右に、足が交互に動いて、台車を引いているように見せかけています。

8a

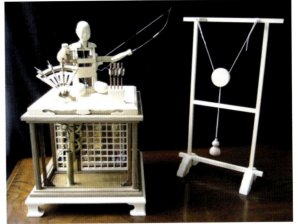

8b

8c

8d

8e

8f

8g

8　弓曳き童子（田中久重作・複製）2009年作

童子が、指で矢をつまみ、弓につがえて、ねらいを定め、的に向かって射ります。矢台の四本の矢を連射します。金属製のぜんまいを動力として、7枚のカムに連動した12本の糸や腕木によって、両手、頭が微妙で繊細な動きをします。

田中久重が作ったものが2体現存しています。江戸からくりの最高傑作と言われています。

素材、造りにこだわり、ほぼ当時のままの複製です。

9a

9b

9c

9d

9e

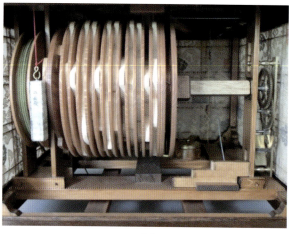
9f

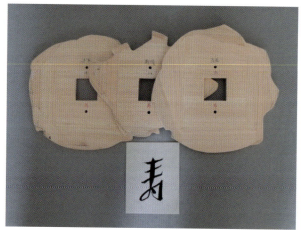
9g

9 文字書き人形（田中久重作・複製）2013年作

人形が筆に墨をつけ、寿、桜、fuji、アンパンマンの四種類の文字・絵を書きます。カムを入れ替えることで、他の文字・絵を書かせることも出来ます。（田中久重作は、寿、松、竹、梅の四文字を書きます）

文字・絵の筆先の動きを、カムに記憶させています。カムは、上下、前後、左右のそれぞれの動きの3枚がセットとなっています。 金属製のゼンマイを動力として、腕木のセンサーがカムの形状を読み取り、腕木に連動した糸で筆を巧みに動かします。

田中久重が作ったものが1体現存しています。江戸からくり人形の最高傑作と言われています。

文之助（愛称）は、素材、造りにこだわり、ほぼ当時のままの複製です。

二 人形を翫ぶ

1. 場の設定 16
2. 翫び 16

人形は、おもてなしの道具です。
人形を翫び、お客様と会話を弾ませ、お客様と一緒に多いに楽しみましょう。

1　場の設定

動かす場として、90×90cm程の段差のないフラットな面がいります。
畳、フローリング、テーブル、会議机でもかまいません。
まず段差をなくすため、障子紙3枚ほどを重ねて敷きます。その上に雰囲気作りに、赤フェルトを敷きます。
フェルトも、厚みがありすぎると、抵抗が大きくなり動きません。

2　翫び

この三番叟人形を上手に翫ぶには、三番叟人形の動きを知る必要があります。
詳しい動きは、P.68　2 歩行調整をご覧ください。

（1）8の字歩行

（ma01）（ma04）　右回り、左回りを繰り返します。お客様に見せたい場面を考えて、回り始めを決めます。

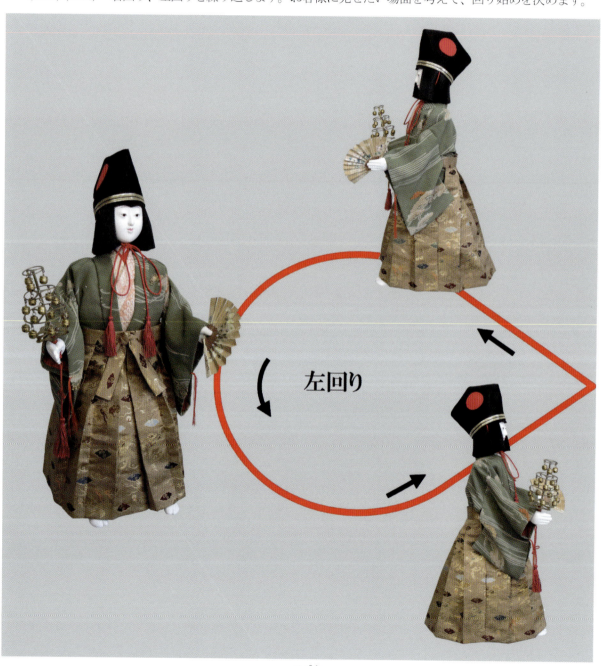

ma01

（ma02）　ぜんまいを巻いたあと、行戻りの位置を後ろから確認します。
　　　　　右の行戻りが、後ろを向いています。この場合、左回りから始まります。
（ma03）　意図的に最初の回りを決める場合、行戻りを手で回します。
　　　　　右回りから始めたい場合、左の行戻りが後ろを向くようにします。

ma02　　　　　　　　　　　　ma03

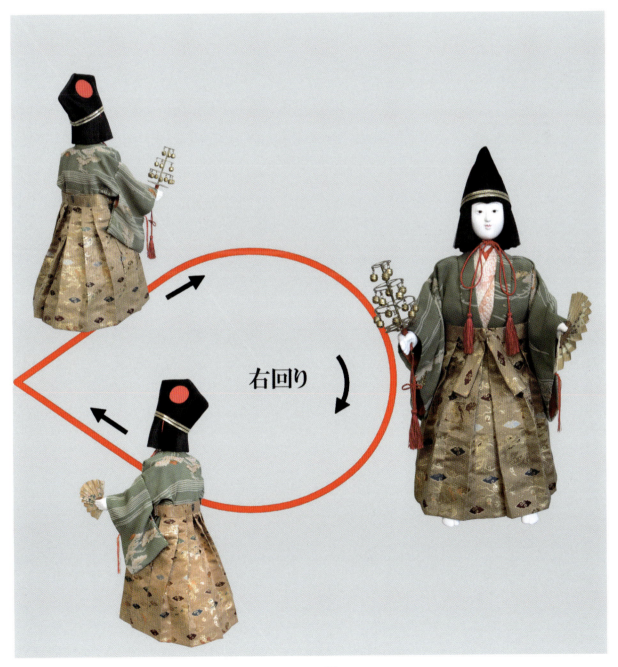

ma04

（2）円歩行
　（mb01）　大野弁吉作と同じ動きになります。

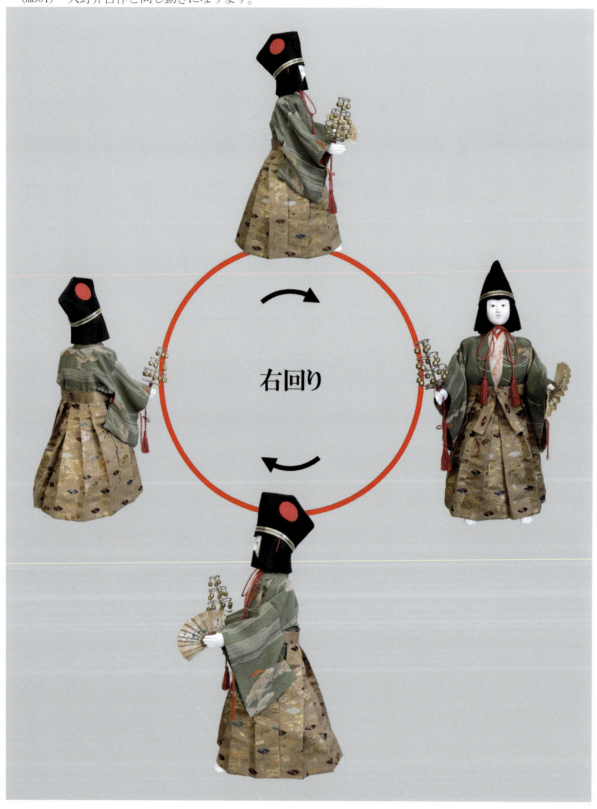

mb01

三 人形を作る

　　　三番叟人形分解図 …………………………………… 20
　　1　材料 ……………………………………………………… 22
　　2　部品 加工 ……………………………………………… 25
　　　（1）頭、首 …………………………………………… 25
　　　（2）扇、神楽鈴、手、肩、足 …………………… 29
　　　（3）軸（一の輪心棒、二の輪心棒等）………… 35
　　　（4）枠（天板、地板、左右柱等）……………… 39
　　　　　■枠・心棒 組立手順 ……………………… 43
　　　（5）歯車（一の輪、二の輪等）………………… 44
　　　（6）回転・腕 制御機構（行戻り、腕制御輪、留め輪等）…… 47
　　　　　■一の輪心棒 組立手順 …………………… 49
　　　　　■歯車 噛み合いテスト① ………………… 50
　　　（7）速度調節機構（停止装置、行司輪、天符等）…… 51
　　　　　■歯車 噛み合いテスト② ………………… 52
　　　　　■行司輪・天符 組立手順 ………………… 54
　　　　　■総合（一の輪〜天符心棒）噛み合いテスト …… 54
　　　（8）方向転換機構（魁車、楫、楫取り爪等）…… 55
　　　　　■方向転換機構 組立手順 ………………… 56
　　　（9）動輪切換機構（動輪切換爪等）…………… 57
　　　　　■動輪 切換テスト …………………………… 59
　　　（10）ぜんまい、ぜんまいカバー ……………… 60
　　　（11）からみ防止 …………………………………… 61
　　　（12）鍵 ……………………………………………… 62

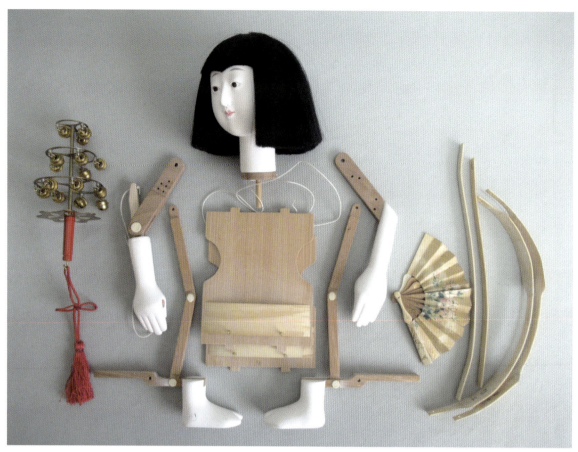

a1

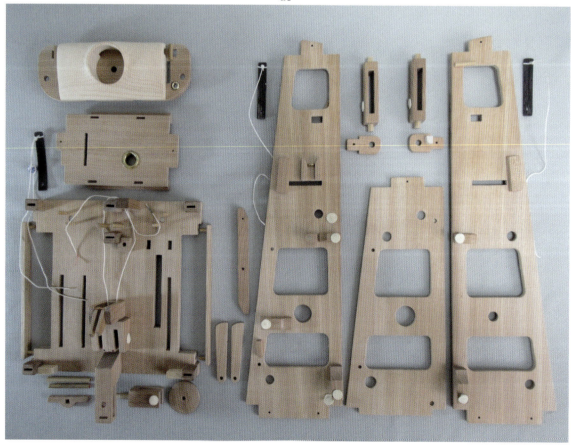

a2

三番叟人形　分解図

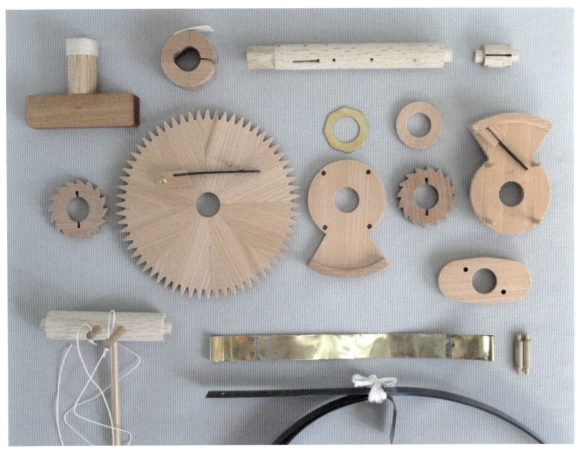

a3

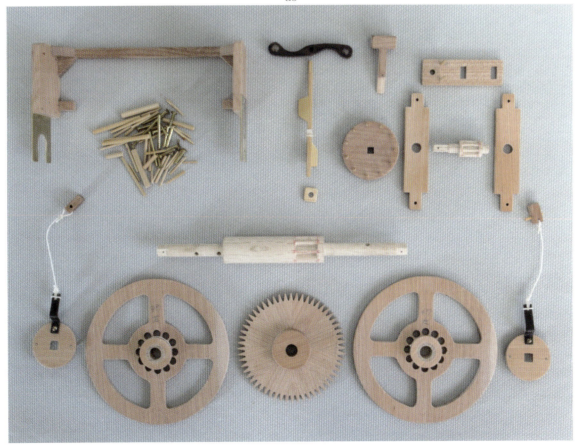

a4

三番叟人形　分解図

1 材料

人形を作る材料を集約すると、次のように、(1)木材、(2)金属類、(3)その他に分けられます。

（1）木材

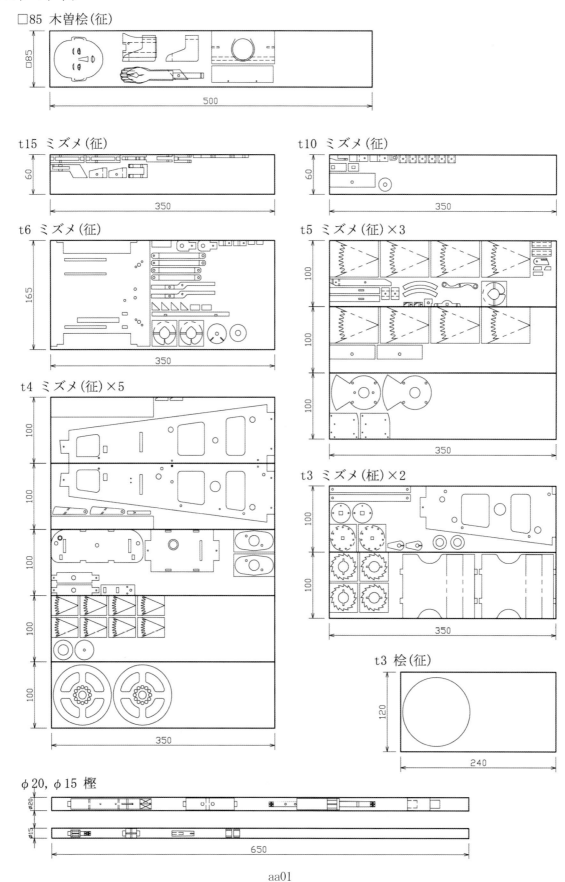

木材は、木曽桧（柾）、ミズメ（柾）、桧（柾）、樫丸棒の４種類です。
材料が手に入れやすいように、種類、厚み、大きさを絞り込み、集約しています。
天符と鍵持ち手は、見栄えやアクセントを考えると、黒檀、紫檀などを使ってもよいと思います。
木曽桧の角材は、頭、首、手、足、天板添板、袴帯当て用です。適当な大きさに切り出して使います。
ミズメは、左右柱、天板、地板、一の輪等、本体のほとんどの部材に使います。
材料を集約したため、一部部材の厚みは、切削または貼り合わせの加工をして作ります。
樫の丸棒は、一の輪心棒等のそれぞれの太さに加工して使います。

木材は、材木店で購入します。
種類、厚み、大きさを絞り込みましたが、少量なので、対応してくれる材木店は少ないと思いますが、幾つか探すと見つかると思います。また、ネット通信販売でも探して見てください。
私の場合、ものづくりを始めてから馴染みとなった、銘木・天然木・集成材を取り扱っている姫路の材木店プレシャス(株)に対応してもらっています。きっちりとした厚みをだしてくれるので助かっています。
なお、樫の丸棒は、ホームセンター、東急ハンズなどで購入しました。

（２）金属類

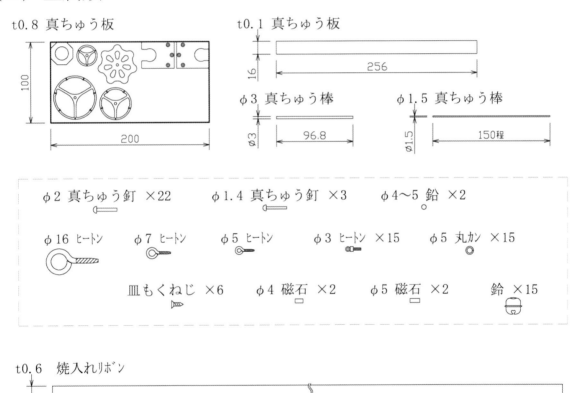

金属類は、真ちゅう板、真ちゅう棒、真ちゅう釘、鉛、ヒートン、丸カン、皿もくねじ、磁石、鈴（大福鈴）、焼入れリボンです。
ほとんどは、ホームセンター、東急ハンズなどで手に入ると思います。
鈴（大福鈴）は、ネット通信販売の(株)ミナミ DROP'LET で購入しました。
焼入れリボンは、ネット通信販売の日本磨帯鋼(株)で購入しました。

（3）その他

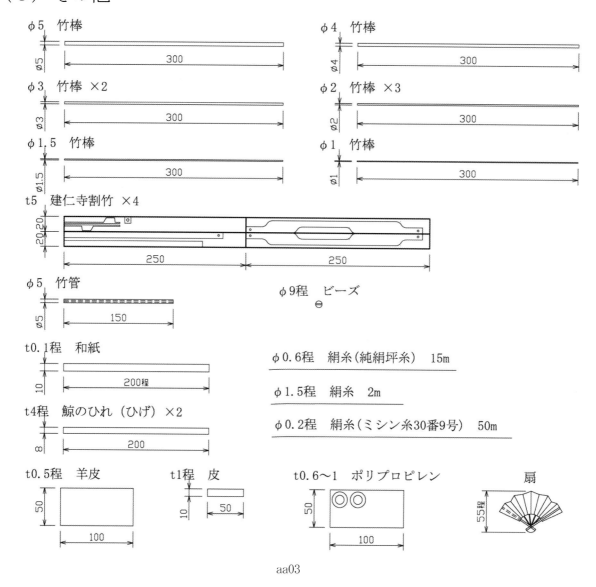

その他は、竹棒、建仁寺割竹、竹管、ビーズ、和紙、鯨のひれ（ひげ）、絹糸、羊皮、皮、ポリプロピレン、扇です。
竹類は、ホームセンター、東急ハンズなどで手に入ると思います。
竹棒で、きっちりした寸法がない場合は、近似値を見つけてください。その場合、竹棒を加工するか、差し込む穴の大きさのほうで調整して下さい。
あみ針は、品質が均一で良いと思います。太さも適当なものがあります。

和紙は、骨董市などで古書を購入します。昔の和紙は丈夫です。
ビーズ、絹糸、羊皮、皮は、ホームセンター、手芸店などにあります。

鯨のひれ（ひげ）は、背美クジラが良いのですが、ほぼ手に入りません。背美クジラ以外のヒゲクジラ類でもかまいません。骨董市で売っている場合があります。ネットオークションでも時々出品されています。
ポリプロピレンは、クリアブックとかファイルの表紙に使われています。
扇は、ネット通信販売の京花香・オリエンタル化工(株)で購入出来ます。

2 部品 加工

これから部品毎に私なりの加工方法を書いていきますが、もっとよい方法があるかも知れません。記載されている方法にとらわれることなく、もっと安全で効率的で精度がでる、皆さんの得意な方法、良いと思われる方法で加工して下さい。

なお次の二つは、お勧めします。一つは、糸のこ盤で加工するとき、この本の製作図面をコピーして、そのコピー図面に貼ってはがせるスプレー糊（3Mスプレーのり55）をつけて、部材に貼ることです。正確な罫書きをしたことになり、線も見やすく、糸のこ盤での加工が容易です。
もう一つは、丸のこ盤、糸のこ盤で部品を加工した後、角の面取りをしておくと、見た目も優しく、人形を持ったときの感触がとてもいいです。サンドペーパー（#240）で4～5回往復擦るだけです。

部品加工にあたっての詳細な寸法は、P.89 「七 製作図面」をご覧ください。

（1）頭、首

三番叟人形の製作は、いくつか難しい作業がありますが、この頭の製作もそのうちの一つと思います。製作は、電動工具に頼ることが出来ず、手工具による手作業が主になります。しかも、顔の表面は不定形で、僅かの凹凸で表情ががらりと変わります。
人それぞれ感性が違いますので、頭も人それぞれ個性のある頭が出来ます。
どのような個性的な頭でも、機能上で問題になることはありません。楽しむことが一番だと思います。

頭、首、手、足は、胡粉塗りで仕上げます。蛤胡粉と膠液、木工用ボンドを調合したものを、二回塗っては磨き、二回塗っては磨きと十回塗りで仕上げます。これまでは、そのようにして自分で胡粉を塗ってきましたが、今回の作品は、京都にある人形修理職人ネットワーク「福田匠庵」グループの京人形頭師にお願いしました。また髪付けは、同じく京人形髪付け師にお願いしました。

① 2首

(ab01)　4頭内ばね受けを作ります。
(ab02)　3頭内ばねの部材を、鯨のひれ（ひげ）から作ります。鯨のひれ（ひげ）は、鋸や丸のこ盤で幅を切り、荒目のヤスリで、均一の厚みに削ります。仕上げにサンドペーパー（#240, #400, #600）で磨きます。
(ab03)　鯨のひれ（ひげ）は、熱を加えると形を簡単に変えられます。アルミホイールで、2,3回巻いて、アイロンで熱します。軍手を付けた手で、熱い間に、曲げて形を作ります。

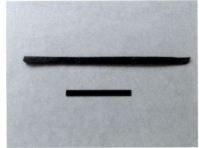

ab01　　　　　　　　　ab02　　　　　　　　　ab03

(ab04)　木曽桧角材から 2 首部材（□50×57）を切り出します。1 頭（□85×130）、21・27 左右手（□30× 150）、43・44 左右足（39×51×t30）、46 天板添板、200 袴帯当ての部材も同時に切り出します。図面にスプレー糊をつけて、2 首部材の 6 面に貼ります。

(ab05)　ボール盤でφ15 の穴を開けます。一気に貫通させるのは難しいので、上下から開けます。

(ab06)　首上の溝を、丸のこ盤で所定の深さに切ります。丸のこ刃の高さを決め、平行定規（フェンス）の位置を数回変えて切ります。

　　　　※安全装置を外した状態で作業をしますので、持ち手などに注意してください。

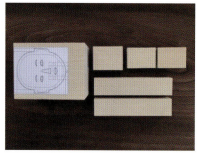
ab04

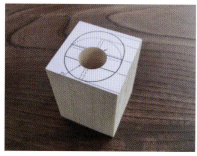
ab05

ab06

(ab07)　首回りは、ノギスで太さを確認しながら、彫刻刀で削り形を作ります。後頭部は、3mm 程大きくしておきます。1 頭が出来てから、P.27（ac11）で現物にあわせて調整します。

(ab08)　4 頭内ばね受けに木工用ボンドをつけて、2 首に接着します。

(ab09)　2 首に、3 頭内ばねを、ぐらつきのないようにしっかりと固定出来るように隙間に適当な木片を入れて調整します。木片に木工用ボンドをつけて、隙間に接着します。3 頭内ばねは、仮に差しておきます。7 頭目釘用の穴も、1 頭が出来てから、P.28（ac15）で現物にあわせて開けます。

ab07

ab08

ab09

② 1 頭

(ac01)　1 頭部材の 6 面に図面を貼り付けたり、鉛筆で罫書きをします。

(ac02)　耳と鼻の突起を残すように、罫書きの線よりも少し外側を丸のこ盤や鋸で切っていきます。
　　　　線が沢山書かれています。線を間違わないようにします。切り過ぎにも注意します。

(ac03)　この時、罫書きした線が無くなって行きますが、その都度書き足していきます。

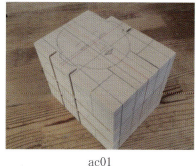
ac01

ac02

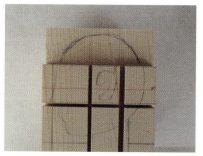
ac03

(ac04) 鋸、彫刻刀などで大まかな外形を切り出します。さらに角張っている部分を、丸みが出るように彫刻刀で削っていきます。

(ac05) ベルトサンダー、彫刻刀等を使い、幅、高さ、奥行きが、それぞれ3mm程大きめに全体を整えます。

(ac06) これから全体を少しずつ彫刻刀で削って行きます。この時、特定部分を一気に小さくしないように気を付けます。

ac04

ac05

ac06

(ac07) 目、鼻、口回りの凹みは、ハンドグラインダを使うと加工しやすいです。
自分の顔を鏡で見ながらどこが高いか、低いか、目と鼻、口の間隔、バランスはどうなっているか、何回も確認して、彫り進みます。またモデルになりそうな市販の人形などがあれば、横から斜めから、上から下から、あらゆる方向から見て観察するのも形をつかむのに役立ちます。
要所、要所でサンドペーパーで磨いて形を確認します。磨くと形がよく分かります。
耳は、最後に仕上げます。

(ac08) 造りが仕上がった頭を真っ二つに切るため、写真のように鉛筆で罫書き（①②）をします。

(ac09) 木工万力で首部分をしっかり固定して、罫書きの線に添って、①、②の順に胴付き鋸で切ります。

ac07

ac08

ac09

(ac10) 肉厚が4、5mm程（前面は平らで厚くします）になるように、頭内を彫刻刀やハンドグラインダなどで削ります。

(ac11) 1頭の首穴と、2首の太さを調整しながら、彫刻刀やハンドグラインダなどで、2首が正面からみて、中央になるように確認しながら削ります。

(ac12) 貼り合わせる前後の頭の接着面を、平面に貼ったサンドペーパーの上で磨きます。

ac10

ac11

ac12

(ac13) 接着面に木工用ボンドをつけて、凹凸が最小の状態になるように、すばやく接着します。
　　　　木工用ボンドが乾いた後、凹凸がなくなるように、サンドペーパーで磨きます。
(ac14) 1頭に、2首を差し込み、頭と首の後頭部ラインが流れるようになっているか、首の長さはあるか、3頭内ばねが前面を少し押しているか確認し、1頭に7頭目釘を差す位置を、鉛筆で印を付けます。ピンバイス等で、穴を開けます。
(ac15) 1頭に2首を差し、1頭の7頭目釘の穴から、2首に印をつけます。ピンバイス等で、穴を開けます。

ac13

ac14

ac15

(ac16) 1頭に胡粉を塗り、髪付けをします。
(ac17) 2首に胡粉を塗ります。2首にエポキシ樹脂ボンドをつけて、3頭内ばねを差し込み接着します。
(ac18) 5頭台、6首心棒、7頭目釘、8頭振り糸（上）を作ります。

ac16

ac17

ac18

(ac19) 5頭台に木工用ボンドを付けて、8頭振り糸（上）、6首心棒を接着します。
(ac20) 2首に木工用ボンドを付けて、5頭台に接着します。前後の向きに注意します。
(ac21) 1頭に2首を差し込み、7頭目釘で留めます。目釘が抜け落ちないように、留め皮を貼ります。

ac19

ac20

ac21

（2）扇、神楽鈴、手、肩、足

① 198扇、神楽鈴

(ad01)(ad02)　198扇は、既成の物を利用します。ネットで検索すると2寸の豆扇が売られています。
　　　　　　　（なお、このモデルは、骨董品を使っています）

ad01　　　　　　　　　　　　ad02

(ad03)　神楽鈴（七五三鈴とか巫女鈴とも呼ばれています）を作って行きます。
　　　図面にスプレー糊をつけて、187鈴さげ輪1の真ちゅう板部材に貼ります。
　　　穴を、ボール版で開けます。金工用ののこ刃をつけた糸のこ盤で、線のとおり切ります。
　　　188鈴さげ輪2、189鈴さげ輪3、190神楽鈴座金も、同じように作ります。

(ad04)(ad05)　187鈴さげ輪1、188鈴さげ輪2、189鈴さげ輪3の穴に、192鈴留め輪をねじ込みます。統一した向きになるようにします。飛び出したねじ脚部分をニッパーで切ります。少し残った部分をヤスリで削り平面にします（左下）。他の14本も同じように加工します。

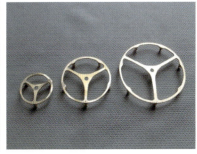

ad03　　　　　　　　　　ad04　　　　　　　　　　ad05

(ad06)(ad07)　表面を加工した192鈴留め輪をハンダ付けします。板金用フラックスを塗り、3mm程の活性ヤニ入りハンダを置き、ガストーチで5秒程炎を当てると簡単にハンダが浸透していきます。

(ad08)　187鈴さげ輪1、188鈴さげ輪2、189鈴さげ輪3、190神楽鈴座金を＃320、＃600、＃1,000のサンドペーパーで順に磨いて、最後にピカール金属磨きで仕上げます。

ad06　　　　　　　　　　ad07　　　　　　　　　　ad08

(ad09) 186神楽鈴心棒に鈴さげ輪、座金の位置を罫書きします。
(ad10) 186神楽鈴心棒に187鈴さげ輪1、188鈴さげ輪2、189鈴さげ輪3、190神楽鈴座金を順にハンダ付けします。安定した位置を確保して、出来るだけ直角に付けられるように確認しながら行います。
(ad11) 187鈴さげ輪1、188鈴さげ輪2、189鈴さげ輪3に、193鈴留め中間輪と194鈴を付けます。

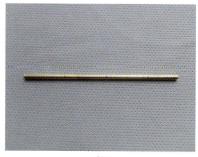
ad09

ad10

ad11

(ad12) 房を作ります。治具を用いて、196房飾り糸の中程に、几帳結びを作ります。
(ad13) 196房飾り糸を包むように、197房糸を160本ほど巻き付け、197房糸の残り糸で縛ります。
(ad14) 197房糸を折り返して、197房糸の残り糸で縛ります。197房糸の端を切り長さを揃えます。

ad12

ad13

ad14

(ad15) 191神楽鈴持ち手部材の上下に穴をボール盤で開けます。下側を少し削り、円錐形にします。
191神楽鈴持ち手に薄めたカシューを4～5回塗り着色します。
(ad16) 191神楽鈴持ち手に195房留め輪をつけます。195房留め輪は、房が容易に取付、取り外しが出来ように、少しひねって隙間を空けます。
191神楽鈴持ち手にエポキシ樹脂ボンドをつけて186神楽鈴心棒を差し込み接着します。
(ad17) 房を191神楽鈴持ち手に取り付けた状態です。

ad15

ad16

ad17

② 9肩、15右手上げ棒

(ae01) 10肩心棒、11肩目釘、12左肩回転制限板、13肩受け留め釘、14肩受けを作ります。
12左肩回転制限板は、組立後、左手開き角度の好みで調整します。

(ae02) 図面にスプレー糊をつけて、9肩部材の2面に貼ります。
φ3の穴を、ボール盤で開けます。上下の10肩心棒のφ5の穴は、罫引きで上下の穴の位置をしっかり罫書きします。垂直を確認し、バイスで固定し、ボール盤で開けます。

(ae03) 20・26左右上腕が入るほぞ穴を、糸のこ盤で切ります。
9肩の穴に木工用ボンドを付けて、10肩心棒を差し接着します。

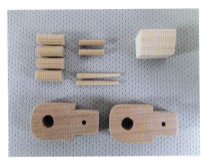
ae01

ae02

ae03

(ae04) 図面にスプレー糊をつけて、15右手上げ棒部材の2面に貼ります。穴をボール盤で開けます。外形を糸のこ盤で切ります。16右手上げ糸、17右手上げ糸留め釘を作ります。

(ae05) 図面にスプレー糊をつけて、18右手上げ棒受け部材の2面に貼ります。穴をボール盤で開けます。外形を糸のこ盤で切ります。19右手上げ棒受け目釘を作ります。

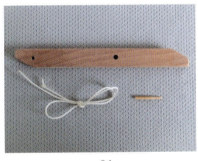
ae04

ae05

③ 20左上腕、21左手

(af01) 図面にスプレー糊をつけて、20左上腕部材に貼ります。
(af02) 穴を、ボール盤で開け、外形を、糸のこ盤で切ります。
(af03) 22左手上げ糸、23左肩ばね糸、24左手上げ糸留め釘、25左肩ばね糸留め釘を作ります。

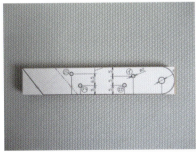
af01

af02

af03

(af04) 図面にスプレー糊をつけて、21左手部材の2面に貼ります。ほぞ穴を切る線を罫書きします。
(af05) ほぞ穴部分を、糸のこ盤で切ります。20左上腕がきつすぎず、緩すぎずで入るようにします。
(af05) 前腕部の四方の線の少し外側を、糸のこ盤で切ります。

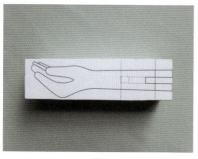
af04

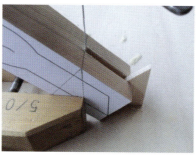
af05

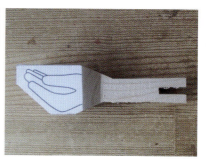
af06

(af07) 手の部分を、彫刻刀、ハンドグラインダ等で彫ったり、削ったりして形を作ります。
(af08) 198扇が開いた状態で、親指と人差し指の間にぎりぎり入るような隙間を作るように確認しながら、少しずつ加工します。198扇が左に傾いて収まるように、掌の溝を少し左に傾けた形にします。
198扇は、取り付け、取り外しが可能なようにしておくと、後々の取り扱いが便利です。
(af09) 20左上腕と21左手を木工用ボンドをつけて接着します。肘部分を、彫刻刀、サンドペーパーで丸みをつけます。この後胡粉を塗ります。

af07

af08

af09

④ 26右上腕、27右手

(ag01) 図面にスプレー糊をつけて、26右上腕部材の2面に貼ります。穴を、ボール盤で開けます。
(ag02) 外形、ほぞ、ほぞ穴になる部分を、糸のこ盤で切ります。

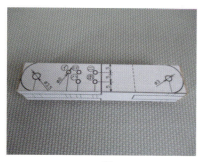
ag01

ag02

(ag03) 図面にスプレー糊をつけて、27 右手部材の 2 面に貼ります。穴を、ボール盤で開けます。
(ag04) ほぞになる部分を、糸のこ盤で切ります。
(ag05) 手の四方の線の少し外側を、糸のこ盤で切ります。

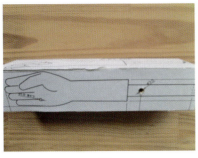
ag03

ag04

ag05

(ag06) 191 神楽鈴持ち手の入る穴をピンバイス等で開けます。掌は、部材の中央にあります。開け始める位置に注意します。φ3 の穴を開けて角度を確認します。
神楽鈴が僅かに前に傾き、僅かに右に傾くようにします。φ4、φ5、φ6 と開けて行きます。
(ag07) 手の部分を、彫刻刀、ハンドグラインダ等で彫ったり、削ったりして形を作ります。
(ag08) 親指先と人差し指は、隙間を作らず、一体のままにして強度を確保します。
191 神楽鈴持ち手を上から差し込んだ時、抜け落ちないような、またぐらつかないような穴になるようにします。出来あがった 191 神楽鈴持ち手に合わせ、上半分はφ8mm 前後、下半分はφ7mm 前後のドリル刃で穴を開け、掌の中程で止まるように微調整をします。 この後、胡粉を塗ります。

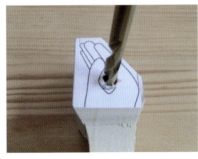
ag06

ag07

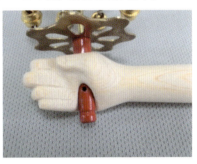
ag08

(ag09) 28 右上腕目釘、29 右肩回転糸、30 右肩ばね糸、31 右肩回転糸留め釘、32 右肩ばね糸留め釘を作ります。
(ag10) 26 右上腕と 27 右手に 28 右上腕目釘を差して留めます。留め皮を貼ります。

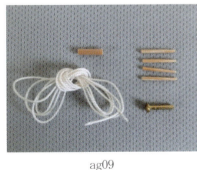
ag09

ag10

⑤ 43・44 左右足、35 足棒、33 太股、34 すね

(ah01) 図面にスプレー糊をつけて、43・44 左右足部材に貼ります。外周を、糸のこ盤で切ります。

(ah02) 43・44 左右足の上の溝を、丸のこ盤で所定の深さに切ります。43・44 足を、3 度の角度がついた治具に固定します。丸のこ刃の高さを決め、治具の位置を数回変えて切ります。

※安全装置を外した状態で作業をしますので、持ち手などに注意してください。

(ah03) 彫刻刀で少しずつ削って形を作り、サンドペーパーで磨いて仕上げます。

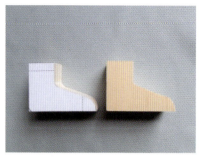
ah01

ah02

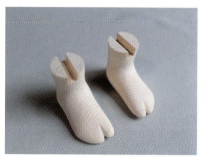
ah03

(ah04) 図面にスプレー糊をつけて、33 太股、34 すね、36 足棒、36 太股受け、37 足棒受け部材の 2 面に貼ります。

(ah05) ボール盤、糸のこ盤で、穴開けや、切削の加工をします。

(ah06) 39 太股受け目釘、40 すね目釘、41 足棒目釘、42 足棒受け目釘を作ります。

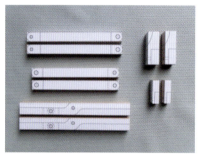
ah04

ah05

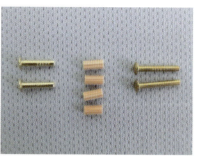
ah06

(ah07) 43・44 左右足と 35 足棒を、木工用ボンドをつけて接着します。この後、胡粉を塗ります。

(ah08) 33 太股と 34 すねを 40 すね目釘で留めます。留め皮を貼ります。

(ah09) 35 足棒、34 すねを、41 足棒目釘で留めます。留め皮を貼ります。

ah07

ah08

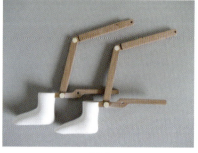
ah09

（3）軸（一の輪心棒、二の輪心棒等）

① 心棒部材

(ai01) 77 一の輪心棒、82 腕制御心棒、86 二の輪心棒、111 畳すり車軸、128 行司輪心棒、180 ぜんまい受(外)、191 神楽鈴持ち手、209 鍵差し込み口の部材を用意します。（φ24 と φ15 の丸棒です）

(ai02) ノギスで径を測りながら、中央の太い部分、両側の細い部分を旋盤で削ります。

(ai03) 左右を所定の寸法に、鋸や丸のこ盤で切り、部材を仕上げます。

ai01

ai02

ai03

② 77 一の輪心棒

(aj01) 罫書き用の図面を用意します。図面を巻いて図面の両端が重なったり、離れたりしないで、ぴったり合うか確認します。合わなければ、罫書き用の図面を拡大または縮小コピーして、作り直します。

(aj02) 円周、線の両端にカッターナイフで、罫書き用の印を付けます。

(aj03) 図面をはがして、印に添って、赤ボールペンで罫書きをします。

aj01

aj02

aj03

(aj04) 端を、罫書きの線に添って、彫刻刀やヤスリで削り、□11 の四角形にします。

(aj05) 78 腕制御輪制限釘、79 行戻り留め輪留め釘、80 一の輪留め輪留め釘、81 一の輪留め輪制限釘を作ります。

aj04

aj05

(aj06)　77 一の輪心棒部材に、穴を開ける位置を、鉛筆で印を付けます。

(aj07)　㊂79 行戻り留め輪留め釘、㊀80 一の輪留め輪留め釘、㊅183 ぜんまい用の穴を、ボール盤で開けます。この時、77 一の輪心棒部材が水平になるように、治具などを使い、しっかり固定します。

(aj08)　㊁81 一の輪留め輪制限釘、㊄178 ぜんまい受け(内)留め釘用の穴を、ボール盤で開けます。この時、㊂79 行戻り留め輪留め釘用の穴に、目安となるものを差すと、直角が分かりやすくなります。
　　　　※㊆78 腕制御輪制限釘用の穴は、P.49（bc06）で現物に合わせて開けます。

 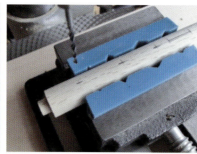 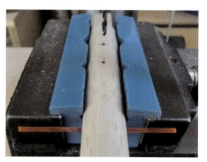

　　　　aj06　　　　　　　　　　　aj07　　　　　　　　　　　aj08

(aj09)　㊅183 ぜんまい用の穴を、糸のこ盤で切ります。この時、77 一の輪心棒部材が回転しないように、治具などで、しっかり固定します。

(aj10)　それぞれの穴に、留め釘を差した状態です。78 腕制御輪制限釘は、差していません。

　　　　aj09　　　　　　　　　　　aj10

③ 82 腕制御心棒

(ak01)　82 腕制御心棒部材に、穴を開ける位置を、鉛筆で印を付けます。

(ak02)　前記②（aj07〜08）と同じように、治具を使い、穴を、ボール盤で開けます。

(ak03)　83 腕制御輪受け棒、84 左手上げ棒、85 右肩回転棒を作ります。
　　　　84 左手上げ棒と85 右肩回転棒は、糸を通す穴を、ボール盤で開けます。
　　　　82 腕制御心棒部材に木工用ボンドをつけて、83 腕制御輪受け棒、84 左手上げ棒、85 右肩回転棒を差し接着します。
　　　　84 左手上げ棒と85 右肩回転棒は、糸を通す穴が垂直になるように差します。

 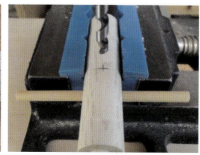 

　　　　ak01　　　　　　　　　　　ak02　　　　　　　　　　　ak03

④ 86 二の輪心棒

(a101) 86 二の輪心棒部材に、φ3 の穴の位置を、鉛筆で印を付けます。
前記②(aj07～08)と同じように、治具を用いて、穴を、ボール盤で開けます。

(a102) 罫書き用の図面を、86 二の輪心棒の左右と中央に貼ります。この時、左右の図面は、同じ角度になるように貼ります。
前記②(aj02～03)と同じように、罫書きをします。

(a103) 左右を罫書きの線に添って、彫刻刀やヤスリで削り、□5.6 の四角形にします。

a101

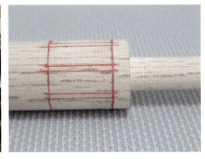
a102

a103

(a104) 心車（歯車）を彫りやすくするため、歯車の谷の部分に、φ2.5 のドリル刃で深さ 2mm の穴を、ボール盤で開けます。線よりはみ出さないように、深く開けないように注意します。この時、86 二の輪心棒が水平になるように、治具などを使い、しっかり固定します。

(a105) 粗彫りをした状態です。

(a106) 彫刻刀で歯車の谷の断面図を思い浮かべながら彫っていきます。歯車の山の部分が細くならないように、罫書きの線に添って確実に彫ります。また深さも寸法どおり彫ります。仕上げに歯車の山の端を、サンドペーパーで磨き、面取りをします。

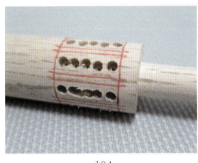
a104

a105

a106

(a107) 89 頭振り輪留め釘用の穴を、ピンバイスやボール盤で開けます。

(a108) 87 足棒・右手上げ棒制御釘、88 二の輪留め釘、89 頭振り輪留め釘を作ります。

(a109) それぞれの穴に、留め釘などを差した状態です。

a107

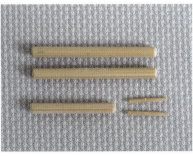
a108

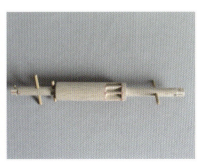
a109

⑤ 128 行司輪心棒

(am01) 前記④86 二の輪心棒 とほぼ同じ作り方です。罫書き用の図面を貼り、罫書きをします。

(am02) 罫書きの線に添って、右側を彫刻刀やヤスリで削り、□4.2 の四角形にします。

心車（歯車）の谷の部分に、φ1.5 のドリル刃で深さ 2mm の穴を、ボール盤で開けます。彫刻刀で歯車の形に彫ります。

(am03) 126 行司輪留め釘用の穴を、ピンバイスやボール盤で開けます。

126 行司輪留め釘を作ります。留め釘を差した状態です。

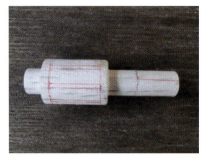 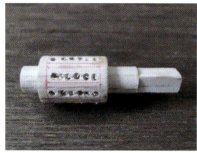 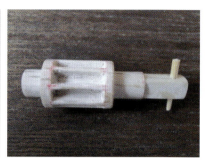

am01　　　　　　　　　　　am02　　　　　　　　　　　am03

⑥ 180 ぜんまい受け（外）

(an01) 179 ぜんまい受け（外）留め釘用の穴を、ボール盤で開けます。179 ぜんまい受け（外）留め釘用の穴と直角になるように、183 ぜんまい用の穴をボール盤で開けます。

(an02) 183 ぜんまい用の穴を、糸のこ盤で切ります。この時、180 ぜんまい受け（外）部材が回転しないように、治具などで、しっかり固定します。

(an03) 179 ぜんまい受け（外）留め釘を作ります。留め釘を差した状態です。

an01　　　　　　　　　　　an02　　　　　　　　　　　an03

（4）枠（天板、地板、左右柱等）

　部材を加工して、横板3枚、縦柱3枚の枠を作ります。枠は、楔（くさび）止め平ほぞ接ぎで組み立てます。ほぞ穴とほぞ部材の寸法をしっかり加工して、ぐらつきのない枠に仕上げます。

　軸穴は、軸の太さとの関係をベストに保つように、軸の現物に合わせて開けます。

① 45 天板

(ao01)　49 左手上げ糸滑り輪を作ります。部材のねじ部根元をペンチで切り、ヤスリで削って、円形にします。直径をノギスで測ります。

(ao02)　図面にスプレー糊をつけて、45 天板部材に貼ります。必要な箇所の穴を、ボール盤で開けます。49 左手上げ糸滑り輪を埋め込む穴は、部材の寸法に合わせます。深さにも注意します。49 左手上げ滑り輪が、45 天板の面から 0.5mm ほど出るようにします。

(ao03)　外周、60・67 左右柱用の穴などを、糸のこ盤で切ります。60・67 左右柱用の穴を切るときは、ゆるすぎにならないように、注意して切ります。

　22 左手上げ糸が擦れる左前上面の角（幅 2cm ほど）を、半径 2mm 程に面取りをします。

　仕上げは、♯400～600 のサンドペーパーで磨きます。

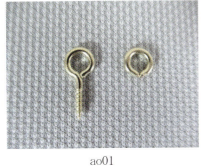
ao01

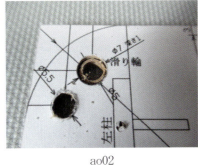
ao02

ao03

(ao04)　図面にスプレー糊をつけて、46 天板添板に貼ります。5 頭台が入る穴を、糸のこ盤で切ります。61 天板留め釘用の穴は、後記④(ar13～4)で開けます。

(ao05)　8 頭振り糸(上)用の溝を、丸のこ盤で所定の深さに切ります。丸のこ刃の高さを決め、平行定規（フェンス）の位置を数回変えて切ります。

　　　※安全装置を外した状態で作業をしますので、持ち手などに注意してください。

　首回りを少し高くして、なで肩、前下がりなるように、彫刻刀で削ります。

(ao06)　48 頭振り糸滑り棒を作ります。半月状になるように、一箇所を削ります。

　47 首心棒受けを作ります。

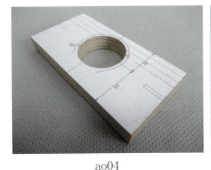
ao04

ao05

ao06

(ao07) 48頭振り糸滑り棒に木工用ボンドをつけて、45天板に接着します。

45天板の49左手上げ糸滑り輪用の穴にエポキシ樹脂ボンドをつけて、49左手上げ糸滑り輪を接着します。割れ口部を真後ろの向きにします。また、内径側にボンドが付かないようにします。

(ao08) 46天板添板に、木工用ボンドをつけて、45天板に接着します。

(ao09) 47首心棒受けに、木工用ボンドをつけて、45天板の下面に接着します。

 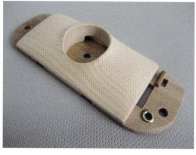 

ao07　　　　　　　　ao08　　　　　　　　ao09

② 50中板

(ap01) 53左手上げ糸・右肩回転糸滑り輪を作ります。部材のねじ部根元をペンチで切り、ヤスリで削って、円形にします。直径をノギスで測ります。

(ap02) 図面にスプレー糊をつけて、50中板部材に貼ります。必要な箇所の穴を、ボール盤で開けます。

53左手上げ糸・右肩回転糸滑り輪を埋め込む穴は、部材の寸法に合わせます。深さにも注意します。53左手上げ糸・右肩回転糸滑り輪が、ちょうど埋まるようにします。

(ap03) 外周、75中柱用の穴などを、糸のこ盤で切ります。75中柱用の穴を糸のこ盤で切るときは、ゆすぎにならないように、注意して切ります。

ap01　　　　　　　　ap02　　　　　　　　ap03

(ap04) 51前からみ防止受け、52後からみ防止受け、54中板留め釘を作ります。

(ap05) 50中板の53左手上げ糸・右肩回転糸滑り輪用の穴にエポキシ樹脂ボンドをつけて、53左手上げ糸・右肩回転糸滑り輪を接着します。割れ口部を真後ろの向きにします。また、内径側にボンドが付かないようにします。

(ap06) 51前からみ防止受け、52後からみ防止受けに木工用ボンドをつけて、50中板の下面に接着します。

ap04　　　　　　　　ap05　　　　　　　　ap06

③ 55 地板

(aq01) 図面にスプレー糊をつけて、55 地板部材に貼ります。

144 桴受け、149 桴とり爪受けなど、55 地板に接着する部品の位置が分かるように、カッターナイフで罫書きをします。

60・67 左右柱、75 中柱、122 行司輪受け柱、108 二の輪用の穴を、糸のこ盤で切ります。ゆるすぎにならないように、注意して切ります。

(aq02) 56・57 地板添板（前後）を作ります。56・57 地板添板（前後）に木工用ボンドをつけて、55 地板に接着します。穴をボール盤で開けます。外形を糸のこ盤で切ります。

(aq03) 58 地板枠板、59 地板枠板留め釘を作ります。55 地板の側面の穴を、ボール盤で開けます。

58 地板枠板の穴に木工用ボンドを着け、59 地板枠板留め釘を差し接着します。

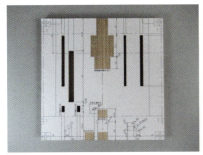
aq01

aq02

aq03

④ 60 左柱、67 右柱、75 中柱

(ar01) 図面にスプレー糊をつけて、60 左柱、67 右柱、75 中柱の部材に貼ります。

62 左手上げ糸滑り棒、63 頭振り糸誘導板、73 右手上げ棒制限板の位置が分かるように、60・67 左右柱にカッターナイフで罫書きをします。

60 左柱の右面と 67 右柱の左面にも、66 肩ばね受け留め釘の穴の位置、72 右手上げ糸滑り棒の位置が分かるように罫書きをします。この時、図面を裏向きに貼って行います。また、65 肩ばねも罫書きしておくと、64 肩ばね受けの角度が分かります。

77 一の輪心棒、82 腕制御心棒などの軸穴を、ボール盤で開けます。

軸を P.35 (3) 軸（一の輪心棒、二の輪心棒等）で作りましたが、軸の太さは、図面通りになかなかなりません。図面の寸法と違った場合は、軸穴は、軸の現物に合わせ、適合する大きさにします。（図面の軸と軸穴の差を維持します）

(ar02) 外形、くり抜き部分、50 中板などの穴を、糸のこ盤で切ります。50 中板、14 肩受けの穴を糸のこ盤で切るときは、ゆるすぎにならないように、注意して切ります。

(ar03) 61 天板留め釘、62 左手上げ糸滑り棒、63 頭振り糸誘導板、64 肩ばね受け、65 肩ばね、66 肩ばね受け留め釘、68 右肩回転糸滑り棒、69 右手上げ糸誘導棒、70 右手上げ糸こすれ防止板、71 右手上げ糸滑り棒受け、72 右手上げ糸滑り棒、73 右手上げ棒制限板、74 左右柱留め釘、76 中柱留め釘を作ります。

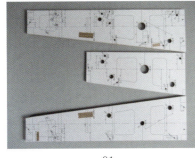
ar01

ar02

ar03

(ar04) 62左手上げ糸滑り棒、63頭振り糸誘導板、36太股受け、37足棒受けに木工用ボンドをつけて、60左柱に接着します。36太股受け、37足棒受けを接着するときは、それぞれの目釘を差して、60左柱の穴に合わせます。

(ar05) 64肩ばね受けに木工用ボンドをつけて、60左柱の右面に接着します。この時、65肩ばね、66肩ばね受け留め釘を差して、60左柱の穴に合わせます。角度は、65肩ばねの罫書きの線に合わせます。

(ar06) 65肩ばねに30右肩ばね糸を結びます。65肩ばねを64肩ばね受けに差し込み、66肩ばね受け留め釘で留めます。留め皮を貼ります。

ar04   ar05   ar06

(ar07) 67右柱の穴にエポキシ樹脂ボンドをつけて、69右手上げ糸誘導棒を差し接着します。

(ar08) 63頭振り糸誘導板、70右手上げ糸こすれ防止板、73右手上げ棒制限板に木工用ボンドをつけて、67右柱に接着します。

(ar09) 71右手上げ糸滑り棒受けの穴に木工用ボンドをつけて、72右手上げ糸滑り棒を差し接着します。71右手上げ糸滑り棒受け、67右柱の穴に木工用ボンドをつけて、72右手上げ糸滑り棒を差し接着します。

ar07   ar08   ar09

(ar10) 36太股受け、18右手上げ棒受け、37足棒受けに木工用ボンドをつけて、67右柱に接着します。この時、それぞれの目釘を差して、67右柱の穴に合わせます。

(ar11) 68右肩回転糸滑り棒に木工用ボンドをつけて、67右柱の左面に接着します。

(ar12) 64肩ばね受け、65肩ばね、23左肩ばね糸を、上記(ar05～06)と同じように、67右柱の左面にも、取り付けます。

ar10   ar11   ar12

- (ar13) 45天板に60左柱を差し込みます。60左柱の穴から、46天板添板にピンバイスで穴を開けます。同じように、右側も開けます。
- (ar14) 61天板留め釘を差して、ゆるみがないか確認します。60・67左右柱のはみ出した部分を、糸のこ盤や彫刻刀で削ります。

ar13

ar14

■枠・心棒 組立手順

- (as01) 60・67左右柱に14肩受けを差し、13肩受け留め釘で留めます。
- (as02) 50中板に75中柱を差し、76中柱留め釘で留めます。
- (as03) 77一の輪心棒に81一の輪留め輪制限釘を差します。
  60左柱に82腕制御心棒、77一の輪心棒、86二の輪心棒を差し、50中板を差し、54中板留め釘で留めます。

as01

as02

as03

- (as04) 67右柱に77一の輪心棒、86二の輪心棒を差し、50中板を差し、54中板留め釘で留めます。
- (as05) 55地板に60・67左右柱、75中柱を差し、74左右柱留め釘で留めます。
- (as06) 14肩受けに10肩心棒を差し、45天板に、10肩心棒、60・67左右柱を差し、61天板留め釘で留めます。接合部にがたつき箇所がないか確認します。
  9肩、82腕制御心棒、77一の輪心棒、86二の輪心棒が軽く回転するか確認します。

as04

as05

as06

（5）歯車（一の輪、二の輪等）

　90 一の輪、108 二の輪の大歯車を、一枚板で作ると、木目の関係で、歯が欠けやすくなる部分がかならず出来てしまいます。そのため、すべての歯が木口になるように 8 枚の板を貼り合わせて作ります。

① 90 一の輪

(at01)　90 一の輪部材を 8 枚用意します。

(at02)　丸のこ盤の角度定規を 22.5 度に合わせ、部材を切ります。ひっくり返して反対側も切ります。
　　　　※安全装置を外した状態で作業をしますので、持ち手などに注意してください。

(at03)　まず 4 枚を合わせて 180 度になるか確認します。隙間があれば角度定規を微調整して、部材をほんのわずかを切り、角度を変えます。隙間の大きさで、調整する枚数を判断します。

at01

at02

at03

(at04)　加工した部材を木工用ボンドをつけて接着していきます。円になる最後の 1 枚で確実に円になるように、さらに調整します。木工用ボンドが十分に乾くのを待ちます。

(at05)　凹凸をなくすように、平面に貼ったサンドペーパー上で磨くか、サンダーで磨きます。

(at06)　図面にスプレー糊をつけて部材に貼ります。この時、赤十字線の 4 カ所を、部材の継ぎ合わせの線に合わせるように貼ると、中心がとれます。

at04

at05

at06

(at07)　穴をボール盤で開けます。

(at08)(at09)　外周を糸のこ盤で円に切ります。谷の右側を谷底手前まですべて切ります。歯形が小さくならないように注意します。次に、谷の左側を谷底も含めて切ります。谷が切り落とされ山が出来ます。

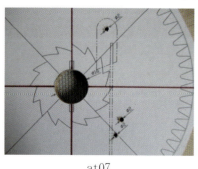
at07

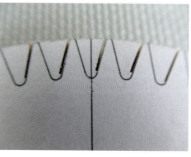
at08

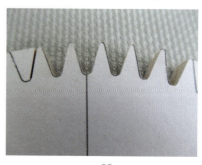
at09

(at10) 91 一の輪添板部材の外周を、糸のこ盤で切ります。
(at11) 90 一の輪と 91 一の輪添板を、木工用ボンドをつけて中心になるように接着します。
(at12) 90 一の輪側から、91 一の輪添板にφ16 の穴をボール盤で開けます。

at10

at11

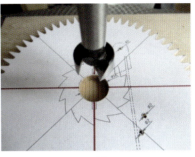
at12

(at13) 92 一の輪留め輪ばね受け、93 一の輪留め輪ばね、94 一の輪留め輪ばね受け目釘、95 一の輪留め輪ばね留め釘、96 一の輪心棒座金を作ります。
(at14) 92 一の輪留め輪ばね受けにエポキシ樹脂ボンドをつけて、93 一の輪留め輪ばねを差し接着します。
(at15) 90 一の輪の穴にエポキシ樹脂ボンドをつけます。92 一の輪留め輪ばね受けの穴に、94 一の輪留め輪ばね受け目釘を差し、さらに 90 一の輪に差し接着します。この時、エポキシ樹脂ボンドのはみ出しがないか、92 一の輪留め輪ばね受けが容易に回転することを確認します。
90 一の輪の穴に木工用ボンドをつけて、95 一の輪留め輪ばね留め釘を差し接着します。

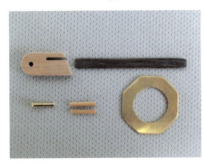
at13

at14

at15

② 108 二の輪

(au01) 前記①(at01〜06)と同じように、108 二の輪を作ります。
中央の穴を、ボール盤で開けます。88 二の輪留め釘用の穴を、糸のこ盤で切ります。
86 二の輪心棒に 88 二の輪留め釘を差して、108 二の輪が入るか確認します。
(au02) 歯形を、前記①(at08〜09)と同じように、糸のこ盤で切ります。
(au03) 109 二の輪添板を作ります。108 二の輪と 109 二の輪添板を、木工用ボンドをつけて接着します。この時、中央の穴にφ8.4 のドリル刃を差して接着すると、中心がとれます。

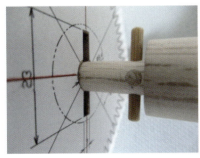
au01

au02

au03

③ 110 畳すり車

- (av01) 111 畳すり車軸、112 畳すり車軸座金、113 畳すり車補助輪を作ります。
- (av02) 図面にスプレー糊をつけて、110 畳すり車部材に貼ります。裏にも白紙を貼り、φ5 の穴の間の壊れを防ぎます。穴を、ボール盤で開けます。外形、くり抜き部分を、糸のこ盤で切ります。

    114 畳すり車さし爪が入る穴は、114 畳すり車さし爪が容易に入るように、面取りを十分にします。
- (av03) 110 畳すり車の中央の穴に木工用ボンドをつけて、111 畳すり車軸を差し接着します。

    112 畳すり車軸座金を、111 畳すり車軸に差します。113 畳すり車補助輪に木工用ボンドをつけて、111 畳すり車軸に差し接着します。

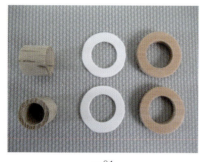 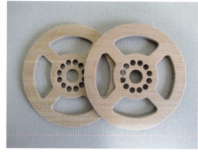 

av01　　　　　　　　　av02　　　　　　　　　av03

④ 116 頭振り輪

- (aw01) 116 頭振り輪を作ります。中央の四角の穴は、86 二の輪心棒の大きさに合わせながら、糸のこ盤で切ります。
- (aw02) 114 畳すり車さし爪、115 頭振り留め釘、117 頭振り、118 糸中間継ぎ手、119 頭振り糸（下）、120 糸中間継ぎ手留め釘を作ります。
- (aw03) 116 頭振り輪の穴にエポキシ樹脂ボンドをつけます。115 頭振り留め釘を 117 頭振りの穴に差し、さらに 116 頭振り輪の穴に差し接着します。この時、エポキシ樹脂ボンドのはみ出しがないことや、117 頭振りが、容易に回転することを確認します。

    次に、119 頭振り糸（下）を、117 頭振りに結びます。その反対側を、118 糸中間継ぎ手に結びます。この時、長さは、116 頭振り輪中心から 118 糸中間継ぎ手の先までが、105～115mm になるようにします。

    116 頭振り輪の穴に木工用ボンドをつけて、114 畳すり車さし爪を差し接着します。114 畳すり車さし爪の先端は、110 畳すり車の穴に容易に入るように、半球になるように面取りをします。

 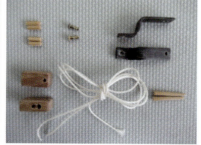 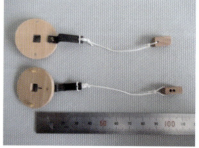

aw01　　　　　　　　　aw02　　　　　　　　　aw03

（6）回転・腕 制御機構（行戻り、腕制御輪、留め輪等）

① 97 左行戻り、98 右行戻り

- (ax01) 97・98 左右行戻りを作ります。97 左行戻りには、101 行戻り留め輪ばねの位置を、図面の上からカッターナイフなどで、罫書きしておきます。
- (ax02) 99 行戻り添板、100 行戻り留め輪ばね受け、101 行戻り留め輪ばね、102 行戻り座金、103 行戻り連結棒を作ります。
- (ax03) 99 行戻り添板に木工用ボンドをつけて、97・98 左右行戻りに接着します。

ax01

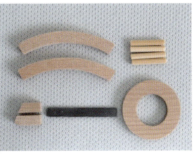
ax02

ax03

- (ax04) 100 行戻り留め輪ばね受けに木工用ボンドをつけて、97 左行戻りに接着します。この時、101 行戻り留め輪ばねが、罫書きした位置になるようにします。次に 100 行戻り留め輪ばね受けの間にエポキシ樹脂ボンドをつけて、101 行戻り留め輪ばねを差し接着します。
- (ax05) 97 左行戻りの穴に木工用ボンドをつけて、103 行戻り連結棒を差し接着します。
- (ax06) 97・98 左右行戻りが、103 行戻り連結棒で無理なく連結出来るか確認します。

ax04

ax05

ax06

② 105 腕制御輪

- (ay01) 105 腕制御輪、104 腕制御輪留め釘を作ります。
- (ay02) 97 左行戻りに木工用ボンドをつけて、104 腕制御輪留め釘を差し接着します。
- (ay03) 105 腕制御輪を、104 腕制御輪留め釘に差し、無理なく入るか確認します。向きにも注意します。

ay01

ay02

ay03

③ 106 行戻り留め輪、107 一の輪留め輪

(ba01) 106 行戻り留め輪、107 一の輪留め用の厚さ 3mm の部材を 4 枚用意します。木口を 90 度違えて、木工用ボンドをつけて接着します。
中央の穴を、ボール盤で開けます。79 行戻り留め輪留め釘、80 一の輪留め輪留め釘の入る穴を、糸のこ盤で切ります。

(ba02) 77 一の輪心棒に 79 行戻り留め輪留め釘、80 一の輪留め輪留め釘を差して、106 行戻り留め輪、107 一の輪留め輪が入るか確認します。

(ba03) 外周を糸のこ盤で切ります。

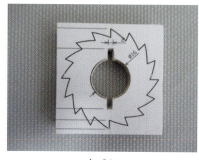
ba01

ba02

ba03

④ 177 ぜんまい受け（内）

(bb01) 177 ぜんまい受け（内）用の厚さ 6mm の部材 2 枚と厚さ 5mm の部材 1 枚を用意します。厚さ 5mm の部材のみ、木口を 90 度違えて、厚さ 6mm の部材で挟み、木工用ボンドをつけて接着します。
次に、2 辺が平行になるように、丸のこ盤で切ります。
図面にスプレー糊をつけて、178 ぜんまい受け（内）留め釘用の穴が垂直になるように貼ります。

(bb02) 178 ぜんまい受け（内）留め釘用の穴の位置を、鉛筆で印を付けます。両側から、ボール盤で穴を開けます。

(bb03) 中央のφ16 の穴をボール盤で開けます。外周を、糸のこ盤で切ります。

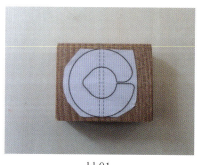
bb01

bb02

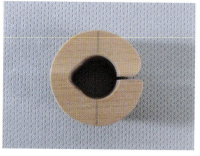
bb03

(bb04) 178 ぜんまい受け（内）留め釘を作ります。

(bb05) 177 ぜんまい受け（内）を 77 一の輪心棒に差し 178 ぜんまい受け（内）留め釘が入るか確認します。

bb04

bb05

■一の輪心棒 組立手順

(bc01) 77一の輪心棒の㊁の穴に81一の輪留め輪制限釘を、㊇の穴に80一の輪留め輪留め釘を差します。
(bc02) 107一の輪留め輪を差します。向きに注意します。90一の輪を差します。
(bc03) 96一の輪心棒座金、98右行戻り、102行戻り座金を差します。㊥の穴に79行戻り留め輪留め釘を差します。

bc01

bc02

bc03

(bc04) 106行戻り留め輪を差します。向きに注意します。
(bc05) 97左行戻りを差し、103行戻り連結棒で98右行戻りと連結します。
(bc06) 105腕制御輪を差します。㋑の穴に、78腕制御輪制限釘を差します。
　　　※㋑78腕制御輪制限釘用の穴は、まだ開けていませんでしたが、ここで現物に合わせて開けます。

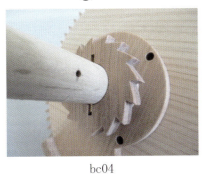
bc04

bc05

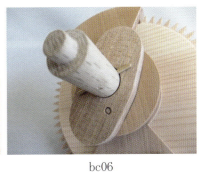
bc06

(bc07) 真後ろからみた状態です。
(bc08) 片方の手で90一の輪を持ち、片方の手で77一の輪心棒を右回りに回します。カチカチと音を鳴らして回ります。反対方向に回してみます。留め輪が機能して回りません。
(bc09) 今度は、連結した97・98左右行戻りを持ち、77一の輪心棒を回します。右回りでは回りますが、左回りは留め輪が機能して回りません。

bc07

bc08

bc09

■歯車 噛み合いテスト①

90 一の輪と 86 二の輪心棒（心車）の一対の歯車の噛み合いテストをします。

P.43 ■枠・心棒組立手順と同じように枠を組み立てます。
なお、77 一の輪心棒は、前記■一の輪心棒組立手順で組み立てたものにします。
また、86 二の輪心棒も 108 二の輪を組み立てたものにします。

90 一の輪を指先で軽く下側にはじくように押します。指を離した後も、90 一の輪、86 二の輪心棒が慣性で滑らかに少し回るはずです。　滑らかに回らない場合は、なにか原因があるはずです。
　　　・90 一の輪または 86 二の輪心棒（心車）の歯形が悪いのか。太すぎたり、長すぎたり。
　　　・90 一の輪の中央の穴が偏心しているのか。
　　　・60・67 左右柱の軸穴の位置がずれているのか。
　　　・109 二の輪添板が 67 左柱に強くこすれているのか。　などなど。
何回も回して引っかかり箇所の原因を突き止め、修正します。

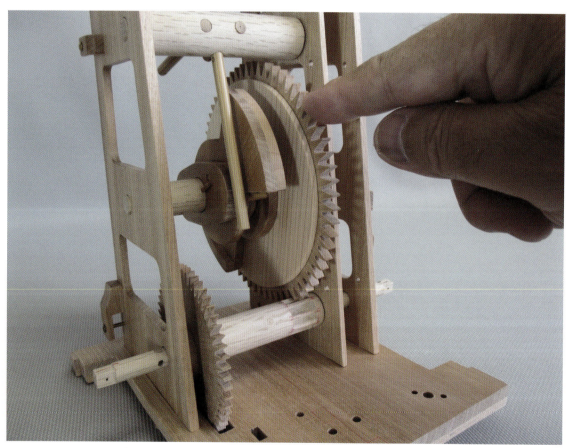

bd01

bd02

bd03

bd04

（7）速度調節機構（停止装置、行司輪、天符等）

① 停止装置（130停止爪等）

(be01) 129停止爪受け、130停止爪、131停止爪つまみ、132停止爪制限釘、133停止爪抵抗材を作ります。
(be02) 131停止爪つまみに木工用ボンドをつけて、130停止爪を差し接着します。
(be03) 133停止爪抵抗材に木工用ボンドをつけて、130停止爪に接着します。
130停止爪側から穴を開けます。

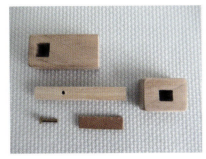
be01

be02

be03

(be04) 129停止爪受けに木工用ボンドをつけて、55地板に接着します。
(be05) 130停止爪を129停止爪受けに差します。この時、適当な抵抗になるように、133停止爪抵抗材をサンドペーパーで削ります。132停止爪制限釘を130停止爪に差します。

be04

be05

② 127行司輪

(bf01) 127行司輪部材にボール盤で穴を開けます。　中央の四角の穴は、128行司輪心棒の大きさに合わせながら、糸のこ盤で切ります。外周も切ります。
(bf02) 125行司輪爪を作ります。
(bf03) 127行司輪の穴に木工用ボンドをつけて、125行司輪爪を差し接着します。125行司輪爪の長さを計測して、サンドペーパー等で削って長さを揃えます。125行司輪爪の先を面取りします。

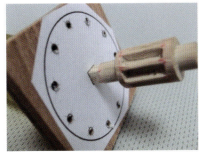
bf01

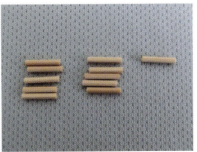
bf02

bf03

③ 121行司輪受け天板、122行司輪受け柱

(bg01) 121行司輪受け天板、122行司輪受け柱、123天符回転制限釘、124行司輪受け柱留め釘を作ります。
121行司輪受け天板に木工用ボンドをつけて、123天符回転制限釘を差し接着します。

(bg02) 122行司輪受け柱で128行司輪心棒を挟み込み、121行司輪受け天板に122行司輪受け柱を差し、124行司輪受け柱留め釘で留めます。
127行司輪に128行司輪心棒を差し、126行司輪留め釘で留めます。

(bg03) 55地板に122行司輪受け柱を差し、124行司輪受け柱留め釘で留めます。

bg01

bg02

bg03

■歯車 噛み合いテスト②

90一の輪・86二の輪心棒（心車）と108二の輪・128行司輪心棒（心車）の二対の歯車を連結して、噛み合いテストをします。　P.50　■歯車噛み合いテスト①の組立に前記(bg01〜03)の組立を加えた状態にします。

90一の輪を指先で軽く下側にはじくように押します。指を離した後も、90一の輪、108二の輪、127行司輪が慣性で少し回るはずです。滑らかに回らない場合は、なにか原因があるはずです。

　・108二の輪または128行司輪心棒の歯形が悪いのか。太すぎたり、長すぎたり。
　・108二の輪の中央の穴が偏心しているのか。
　・122行司輪受け柱の位置がずれているのか。　などなど。

何回も回して引っかかり箇所の原因を突き止め、修正します。

bh01

bh02

bh03

④ 134 天符心棒、135 天符

(bi01) 134 天符心棒用の部材をベルトサンダーなどで、3mm 程の厚さに加工します。竹表は残して、竹裏を削ります。強さを保つためです。竹表には、カーブが少しありますが、そのままでかまいません。図面にスプレー糊をつけて、竹表に貼ります。　袖の両側を、糸のこ盤で切ります。

(bi02) 心棒の部分は、彫刻刀で少しずつ削ります。竹の目によっては、食い込む場合があり、注意します。

(bi03) 45 度程に傾けて心棒の部分を、サンドペーパーで削ります。現在手持ちで、角度も感に頼って削っています。上下の袖の開きの角度が、95～105 度と幅がありますので、余り気にしていません。二つ合わせるとほぼその角度になります。

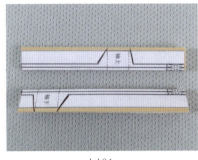 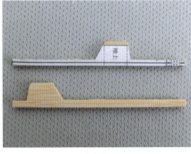 

bi01　　　　　　　　　　bi02　　　　　　　　　　bi03

(bi04) 二つの部材を、木工用ボンドをつけて接着します。輪ゴムを巻いてずれないように固定します。

(bi05) 心棒部分が丸棒になるように彫刻刀で削ります。また心棒上部を、長方形に加工します。

(bi06) 134 天符心棒の中央部を、137 天符心棒しばり糸で縛ります。

bi04　　　　　　　　　　bi05　　　　　　　　　　bi06

(bi07) 135 天符を作ります。材料集約のため、ここではミズメを指定していますが、見栄えやアクセントを考えると、黒檀等もよいかもしれません。
中央の穴は、134 天符心棒の大きさに合わせながら、糸のこ盤で切ります。なお、この穴は、組立後、135 天符が 128 行司輪心棒と平行より 5 度程右回転になるように開けます。

(bi08) 135 天符の穴にエポキシ樹脂ボンドをつけて、136 天符錘を入れ接着します。

(bi09) 139 天符心棒座金、140 天符心棒受けを作ります。
140 天符心棒受けに木工用ボンドをつけて、55 地板に接着します。この時、55 地板の穴にφ3.5 のドリル刃を下から差して位置を決めます。また方向にも注意します。

bi07　　　　　　　　　　bi08　　　　　　　　　　bi09

■行司輪・天符 組立手順

(bj01) まず、前記③(bg02)の組み立てをします。次に、121 行司輪受け天板に 134 天符心棒の上を差し、134 天符心棒の下に 139 天符心棒座金を差した状態で、122 行司輪受け柱、134 天符心棒の下を 55 地板に差し、124 行司輪受け柱留め釘で留めます。

(bj02) 135 天符を 134 天符心棒に差します。

(bj03) 135 天符を最大に左回りさせた状態で、135 天符が 90 一の輪に当たっていないか確認します。

bj01　　　　　　　　　　bj02　　　　　　　　　　bj03

■総合（一の輪～天符心棒）噛み合いテスト

(bk01) 90 一の輪～134 天符心棒までの総合テストをします。

90 一の輪を指先で下に向かって回転させます。少し強い力を加えて継続して回します。

90 一の輪と 108 二の輪がゆっくりと回り、125 行司輪爪が 134 天符心棒の上下の袖に交互に当たりながら、127 行司輪がゆっくりと回り、135 天符が 20～30 度の範囲で反復回転します。

(bk02) 135 天符の反復回転は、作ったままでうまく行く場合は少ないです。125 行司輪爪と 134 天符心棒袖が当たったまま抜けない場合が多いです。この場合、125 行司輪爪と 134 天符心棒袖の長さを少しずつ削りながら、ギリギリのところで抜けるように調整します。この当たり具合を、写真や言葉でうまく伝えることが難しいですが、何度も挑戦して感覚をつかんでください。

(bk03) 調整が済めば、138 天符心棒袖補強和紙に木工用ボンドをつけて、134 天符心棒袖に 2 巻きほど貼ります。これにより再度噛み合いテストをします。竹の部材で十分な強さがありますが、さらに強度を上げるためです。

bk01

bk02

bk03

（8）方向転換機構（魁車、楫、楫取り爪等）

① 147魁車、145魁車受け、146楫心棒

(b101) 147魁車を作ります。外周の厚みが所定の厚みになるようにベルトサンダーで削ります。サンドペーパーで磨いて仕上げます。

(b102) 145魁車受け、148魁車受け目釘を作ります。

(b103) 146楫心棒、143楫心棒留め釘を作ります。146楫心棒上部の四角形は、罫書き用の図面を使用して加工します。

b101

b102

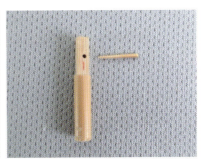
b103

② 141楫、144楫受け

(bm01) 141楫、142楫糸留め釘を作ります。141楫中央の四角の穴は、146楫心棒の大きさに合わせながら、糸のこ盤で切ります。

(bm02) 147魁車を145魁車受けの溝に入れ、148魁車受け目釘を差します。留め皮を貼ります。

(bm03) 145魁車受けに木工用ボンドをつけて、146楫心棒を差し接着します。この時、146楫心棒に141楫を差し、向きを確認します。147魁車と141楫が直角になるようにします。

bm01

bm02

bm03

(bm04) 144楫受けを作ります。144楫受けに木工用ボンドをつけて、55地板に接着します。

(bm05) 146楫心棒を144楫受けに差します。146楫心棒に141楫を差し、143楫心棒留め釘で留めます。

bm04

bm05

③ 151 楫取り爪、149 楫取り爪受け

- (bn01) 151 楫取り爪、149 楫取り爪受け、152 楫取り爪受け目釘を作ります。
- (bn02) 151 楫取り爪を 149 楫取り爪受けの溝に入れ、152 楫取り爪受け目釘を差します。留め皮を貼ります。
- (bn03) 149 楫取り爪受けに木工用ボンドをつけて、55 地板に接着します。

bn01

bn02

bn03

④ 153 楫用管、154 楫ばね、155 楫ばね受け

- (bo01) 153 楫用管、154 楫ばねを、150 楫糸、155 楫ばね受け、156 楫ばね受け留め釘を作ります。153 楫用管は、とりあえず長さが 43mm のものを作ります。157 楫糸からみ防止を用意します。
- (bo02) 150 楫糸の中間を 154 楫ばねに結びます。片方の糸に 157 楫糸からみ防止を 154 楫ばねから 35mm 程のところに、移動しないように巻き付けて固定します。
- (bo03) 155 楫ばね受けに木工用ボンドをつけて、55 地板に接着します。
154 楫ばねを 155 楫ばね受けに差し、156 楫ばね受け留め釘で留めます。

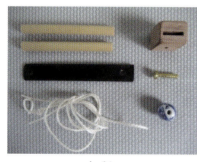
bo01

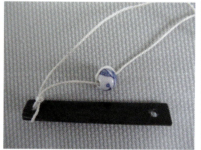
bo02

bo03

■方向転換機構 組立手順

- (bp01) 150 楫糸の 157 楫糸からみ防止がついている方を、右側の 151 楫取り爪、153 楫用管に通し、さらに 141 楫の穴に通し、142 楫糸留め釘で留めます。弛みのない程度に留めておきます。
- (bp02) もう一方の 150 楫糸も同じようにします。147 魁車がまっすぐ前を向くように、両側の 150 楫糸を張り直します。154 楫ばねが少し利くように張ります。
- (bp03) 156 楫ばね受け留め釘を抜き、154 楫ばねを外します。

bp01

bp02

bp03

（9）動輪切換機構（動輪切換爪等）

① 158動輪切換爪、159動輪切換爪受け

(bq01) 158動輪切換爪、159動輪切換爪受け、160動輪切換爪受け目釘、161動輪切換糸滑り棒、162動輪切換爪制限釘、163動輪切換糸、164動輪切換糸誘導棒を作ります。

(bq02) 158動輪切換爪に木工用ボンドをつけて、160動輪切換爪受け目釘を差し接着します。所定の位置にすばやく接着出来るような方法を事前に確認しておきます。組み立てた160動輪切換爪受け目釘を159動輪切換爪受けに差します。

(bq03) もう一つの158動輪切換爪に木工用ボンドをつけて159動輪切換爪受けの溝に置きます。160動輪切換爪受け目釘を159動輪切換爪受けに差し、さらに158動輪切換爪に差し、所定の位置に接着します。ここでも素早く所定の位置に接着出来るような方法を事前に確認しておきます。

また、158動輪切換爪から木工用ボンドがはみ出てきて、160動輪切換爪受け目釘同士が接着する恐れが あります。素早く拭き取る方法も事前に確認しておきます。

bq01

bq02

bq03

(bq04) 158動輪切換爪の下部にピンバイスで穴を開けます。160動輪切換爪受け目釘も突き抜けるように開けます。158動輪切換爪の穴に木工用ボンドをつけて、163動輪切換糸を差し接着します。

(bq05) 159動輪切換爪受けの穴に木工用ボンドをつけて、161動輪切換糸滑り棒、162動輪切換爪制限釘を差し接着します。

(bq06) 159動輪切換爪受けに木工用ボンドをつけて、55地板に接着します。
55地板の穴に木工用ボンドをつけて、164動輪切換糸誘導棒を差し接着します。

bq04

bq05

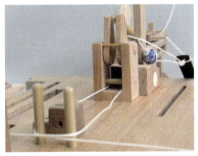
bq06

② 165動輪切換板、166動輪切換板受け、173動輪切換軸

- (br01) 165動輪切換板を作ります。外形を金工用ののこ刃をつけた糸のこ盤で切ります。3カ所の穴を、まずφ2で開けます。次にφ4のドリル刃でザグリ穴を開けます。薄いので、慎重に開けます。
- (br02) 166動輪切換板受けを作ります。174動輪切換板留めねじを用意します。
- (br03) 165動輪切換板と166動輪切換板受けを、174動輪切換板留めねじで固定します。

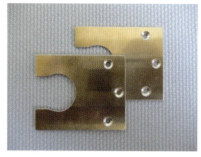 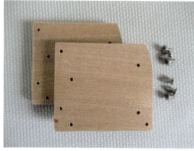 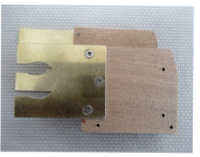

br01　　　　　　　　　br02　　　　　　　　　br03

- (br04) 167動輪切換板受け支え棒、168動輪切換板受け補強板、169動輪切換板受け支え棒留め釘、170動輪切換軸留め釘、171動輪切換軸誘導棒、172動輪切換糸留め釘を作ります。
175動輪切換軸留め材（上）、176動輪切換軸留め材（下）を用意します。
- (br05) 173動輪切換軸を作ります。173動輪切換軸の穴にエポキシ樹脂ボンドをつけて、175動輪切換軸留め材（上）を表面から0.5mm凹むように埋め込み接着します。
- (br06) 55地板の穴にエポキシ樹脂ボンドをつけて、176動輪切換軸留め材（下）を表面から0.5mm凹むように埋め込み接着します。この時、175動輪切換軸留め材（上）と吸引になるようにします。
55地板の穴に木工用ボンドをつけて、171動輪切換軸誘導棒を差し接着します。

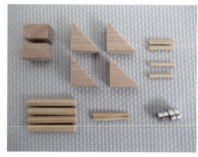  

br04　　　　　　　　　br05　　　　　　　　　br06

- (br07) 166動輪切換板受け、173動輪切換軸、168動輪切換板受け補強板に木工用ボンドをつけて接着します。直角となるように治具を使います。両端とも接着します。
また167動輪切換板受け支え棒も接着します。
- (br08) 166動輪切換板受けの穴からピンバイスで、169動輪切換板受け支え棒留め釘、170動輪切換軸留め釘用の穴を開けます。166動輪切換板受けの穴に木工用ボンドをつけて、169動輪切換板受け支え棒留め釘、170動輪切換軸留め釘を差し接着します。

br07　　　　　　　　　br08

■動輪 切換テスト

(bs01) 動輪切換機構を組み立てます。事前に 130 停止爪を外します。

173 動輪切換軸を 171 動輪切換軸誘導棒の間に置きます。166 動輪切換板受けを手に持ち、左側の 175・176 動輪切換軸留め材(上下)の磁石の吸引が利いているところに動かします。

右側の 163 動輪切換糸を 164 動輪切換糸誘導棒の右側を回し、左側の 166 動輪切換板受けの下と上の穴に通し 172 動輪切換糸留め釘で留めます。158 動輪切換爪が立った状態で、緩みのないように張ります。

(bs02) 166 動輪切換板受けを手に持ち、右側の 175・176 動輪切換軸留め材(上下)の磁石の吸引が利いているところに動かします。

左側の 163 動輪切換糸を 164 動輪切換糸誘導棒の左側を回し、右側の 165 動輪切換板受けの下と上の穴に通し 172 動輪切換糸留め釘で留めます。158 動輪切換爪が立った状態で、緩みのないように張ります。

(bs03) 158 動輪切換爪の左側の爪を前方に指で押します。166 動輪切換板受けが左側に移動します。次は、158 動輪切換爪の右側の爪を前方に指で押します。166 動輪切換板受けが右側に移動します。

bs01

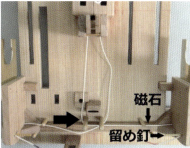
bs02

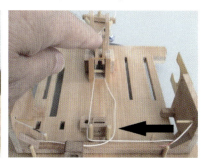
bs03

(bs04) 173 動輪切換軸を一旦外します。P.54 ■総合(一の輪〜天符心棒)噛み合いテストの状態に組み立てます。154 楫ばねを 86 二の輪心棒の上を通し、155 楫ばね受けに差します。この時、150 楫糸は 158 動輪切換爪を挟むようにします。上記(bs01〜02)と同じように、173 動輪切換軸を組み立てます。

77 一の輪心棒を鍵で左回りに回転させます。90 一の輪、97・98 左右行戻りが回転し、97・98 左右行りが交互に 158 動輪切換爪を押し、166 動輪切換板受けが左右交互に移動します。この時、157 楫糸からみ防止が 90 一の輪の回転に支障がないか、150 楫糸が 90 一の輪に絡んでいないか確認します。

※まだここでは 147 魁車、141 楫の回転角度などの動きに注目する必要はありません。

(bs05) 173 動輪切換軸を一旦外します。86 二の輪心棒に 87 足棒・右手上げ棒制御釘を差します。続いて 110 畳すり車、116 頭振り輪を差します。89 頭振り輪留め釘で留めます。

(bs06) 上記(bs01〜02)と同じように、173 動輪切換軸を組み立てます。

この時、165 動輪切換板が 112 畳すり車軸座金と 113 畳すり車補助輪の間に入るようにします。

77 一の輪心棒を鍵で左回りに回転させます。97・98 左右行戻りが交互に 158 動輪切換爪を押し、166 動輪切換板受け、110 畳すり車が左右交互に移動します。110 畳すり車の穴に 114 畳すり車さし爪が容易に十分に入るか確認します。

bs04

bs05

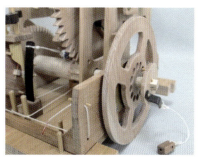
bs06

（10）ぜんまい、ぜんまいカバー

　　江戸時代後期までは、金属のぜんまいがありませんでした。身近にあった鯨（背美クジラ）のひれ（ひげ）を、長さ1.2m、幅15mm、厚さ1.8～2.1mmに加工して使っていました。現在は、ぜんまいに鋼を使っています。なお、ぜんまい以外の7箇所の小さい板ばねは、ヒゲクジラ類のひれ（ひげ）で作っています。

① 183 ぜんまい

(bt01)　183 ぜんまい（焼入れリボン）両端の7～8cm位を、ガストーチで赤みを帯びるまで熱した後、自然冷却します。いわゆる焼き戻しという鋼を鉄に戻すことです。これで、容易に穴を開けられます。

(bt02)　冷めてから両端の穴の位置を、鉛筆で罫書きをして、ポンチで印を付けます。

(bt03)　ボール盤で、穴を開けます。先の方は、ヤスリで面取りをします。

bt01

bt02

bt03

② 184 ぜんまいカバー

(bu01)　184 ぜんまいカバー部材の両端を、185 ぜんまいカバー目釘が入るように膨らみをもたせて、折り曲げ、半田ごてやガストーチでハンダ付けします。

(bu02)　185 ぜんまいカバー目釘を作ります。

(bu03)　181 ぜんまい制限釘、182 ぜんまい制限管を作ります。二つを、木工用ボンドをつけて接着します。

bu01

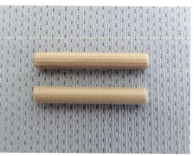
bu02

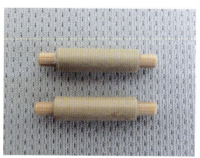
bu03

(11) からみ防止

① 胸からみ防止

(bv01) 199 胸からみ防止、200 袴帯当て、201 袴ずれ防止釘を作ります。
(bv02) 200 袴帯当てに木工用ボンドをつけて、199 胸からみ防止に接着します。
200 袴帯当てにエポキシ樹脂ボンドつけて、201 袴ずれ防止釘を差し接着します。
※参考：綿入れを貼るマジックテープを貼っています。

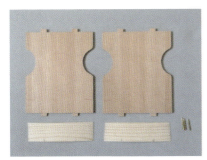
bv01

bv02

② 左右・前後からみ防止

(bw01) 204 からみ防止受け、205 からみ防止受け留め釘、38 足棒留め板を作ります。
(bw02) 204 からみ防止受けに木工用ボンドをつけて、55 地板の所定の位置に接着します。
(bw03) 38 足棒留め板に木工用ボンドをつけて、55 地板の所定の位置に接着します。

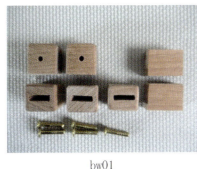
bw01

bw02

bw03

(bw04) 202・203 左右からみ防止部材、206・207 前後からみ防止部材の外周を糸のこ盤や彫刻刀で切ります。穴をボール盤で開けます。
(bw05) 図面のように曲げの加工をします。鯨のひれ（ひげ）と同じように、アルミホイールで包み、アイロンで熱して曲げます。
(bw06) 202・203 左右からみ防止、206・207 前後からみ防止を、204 からみ防止受けや所定の穴に差し込みます。205 からみ防止受け留め釘で留めます。着物を着せるときに、組み立てます。

bw04

bw05

bw06

(12) 鍵

- (bx01)　P.35（ai01〜03）で作った、208 鍵差し込み口を用意します。
- (bx02)　210 鍵持ち手留め釘を作り、211 鍵差し込み口補強糸を用意します。
- (bx03)　209 鍵持ち手用の厚さ 5mm の部材 2 枚と厚さ 10mm の部材 1 枚を用意します。厚さ 10mm の部材を厚さ 5mm の部材で挟むように、木工用ボンドをつけて接着します。
　　　　　材料の集約上、ミズメを貼り合わせていますが、好みで材料、形を変えると楽しいと思います。

bx01

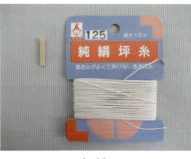
bx02

bx03

- (bx04)　209 鍵持ち手に、ボール盤で穴を開けます。
- (bx05)　209 鍵持ち手と 208 鍵差し込み口を、木工用ボンドをつけて接着します。210 鍵持ち手留め釘用の穴をボール盤で開けます。
- (bx06)　209 鍵持ち手の穴に木工用ボンドをつけて、210 鍵持ち手留め釘を差し接着します。

bx04

bx05

bx06

- (bx07)　208 鍵差し込み口にボール盤で穴を開けます。
- (bx08)　四角の穴は、77 一の輪心棒の大きさに合わせながら、彫刻刀で加工します。
- (bx09)　208 鍵差し込み口の先端の補強のため、211 鍵差し込み口補強糸を巻きます。
　　　　　表面にエポキシ樹脂ボンドを塗ります。

bx07

bx08

bx09

四 人形を組み立てる・調整する

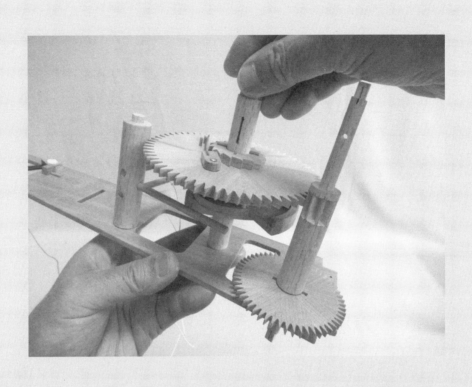

- 1 組立 I 64
  - (1) 部分組立 64
  - (2) 歩行調整前組立 65
- 2 歩行調整 68
  - (1) 直進歩行 a(動輪左固定) 68
  - (2) 直進歩行 b(動輪右固定) 69
  - (3) 直進歩行 c(動輪左右切換) 69
  - (4) 円歩行 a(右回り) 70
  - (5) 円歩行 b(左回り) 71
  - (6) トラック歩行 a(右回転) 71
  - (7) トラック歩行 b(左回転) 73
  - (8) 8の字歩行(左右交互回転) 74
- 3 組立 II、分解 76
  - (1) 歩行調整後組立、動作確認・調整 76
  - (2) 分解 78

1 組立 I

（1）部分組立

製作過程ですでに組み立てが出来ている箇所等の確認です。

- (ka01) **頭、首を組立** ... P.28（ac21） 参照。
- (ka02) **右上腕、右手を組立** ... P.33（ag10） 参照。
- (ka03) **太股、すね、足棒を組立** ... P.34（ah08）（ah09） 参照。

  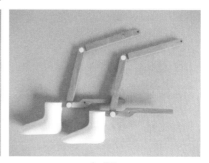

ka01　　　　　　　　ka02　　　　　　　　ka03

- (ka04) **左右柱に肩ばねを組立** ... P.42（ar06）および（ar12） 参照。
- (ka05) **左右柱に肩受けを組立** ... P.43（as01） 参照。
- (ka06) **右柱に右手上げ棒を組立** ... 右手上げ棒受けと右手上げ棒に右手上げ棒受け目釘を差し、留めます。留め皮を貼ります。

  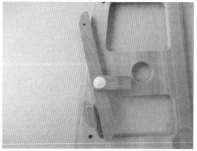

ka04　　　　　　　　ka05　　　　　　　　ka06

- (ka07) **地板に魁車を組立** ... P.55（bm05） 参照。
- (ka08) **地板に楫取り爪を組立** ... P.56（bn02～03） 参照。
- (ka09) **楫ばね、楫糸、楫用管を楫に組立** ... P.56 ■方向転換機構組立手順 参照。

ka07　　　　　　　　ka08　　　　　　　　ka09

- (ka10) **地板に行司輪、天符を組立** ... P.54 ■行司輪・天符組立手順　参照。
- (ka11) **一の輪心棒に一の輪等を組立** ... P.49 ■一の輪心棒組立手順　参照。
- (ka12) **二の輪心棒に二の輪を組立** ... 二の輪心棒に二の輪留め釘を差し、二の輪を差します。

ka10

ka11

ka12

（2）歩行調整前組立

歩行調整が出来るように基本部分を組み立てます。

- (kb01) **中板と中柱を組立** ... 中板に、中柱を差し、留め釘で留めます。
- (kb02) **左柱に腕制御心棒、一の輪心棒、二の輪心棒を差す**
- (kb03) **左柱と中板を組立** ... 左柱に、上記（kb01）で組み立てた中板を差し、留め釘で留めます。この時、同時に中柱の穴に、腕制御心棒、一の輪心棒、二の輪心棒を差します。

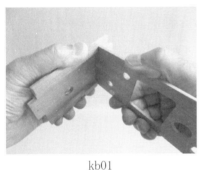
kb01

kb02

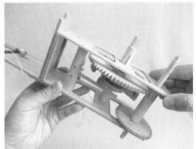
kb03

- (kb04) **中柱にぜんまい受け（外）等を差す** ... 中柱に、ぜんまい受け（外）、ぜんまい制限釘を差します。また、一の輪心棒に、ぜんまい受け（内）を差します。
- (kb05) **右柱と中板を組立** ... 右柱に、中板を差し、留め釘で留めます。この時、同時に右柱の穴に、ぜんまい受け（外）、ぜんまい制限釘、一の輪心棒、二の輪心棒を差します。
- (kb06) **地板と左右柱、中柱を組立** ... 地板に、左右柱、中柱を差し、留め釘で留めます。この時、左右行戻りは水平にして、榍取り爪、動輪切換爪に当たらないようにします。また、二の輪と行司輪心棒の噛み合いにも注意します。

kb04

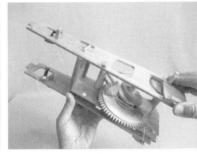
kb05

kb06

(kb07) **天板と肩、左右柱を組立** ... P. 43（as06）参照。

(kb08) **地板に楫ばねを組立** ... 楫ばねを、二の輪心棒の上を越して前から後に移します。楫糸を動輪
切換爪を挟むようにします。楫ばねを、楫ばね受けに差し、留め釘で留めます。

(kb09) **二の輪心棒に足棒・右手上げ棒制御釘を差す** ... 足棒・右手上げ棒制御釘は、同じ長さが
出るように差します。また、動作中に抜けたり、動いたりしないようにします。

kb07

kb08

kb09

(kb10) **二の輪心棒に畳すり車等を組立** ... 畳すり車、頭振り輪を差し、留め釘で留めます。頭振り
輪は、左右の頭振りが180度違うように差します。

(kb11) **地板に地板枠板を組立** ... 地板枠板留め釘を地板に差し、歩行中抜け落ちのないように留めま
す。この組立は、調整も済み、完全に動くようになってからでもよ
いです。また、なくても、機能上は、支障がありません。

(kb12) **地板に動輪切換機構を組立** ... P. 59 ■動輪切換テスト 参照。

kb10

kb11

kb12

(kb13) **停止爪受けに停止爪を組立** ... P. 51（be05）参照。

(kb14)(kb15) **ぜんまいを組立** ... ぜんまい内側端を、ぜんまい受け（内）と一の輪心棒に差し、留め釘
で留めます。留め皮を貼ります。
ぜんまい外側端を、ぜんまい受け（外）に差し、留め釘で留めます。

kb13

kb14

kb15

(kb16) **ぜんまいを巻く** ... 停止爪が行司輪爪に掛かっているか確認します。
　　　　　　　　　　　　　ぜんまいカバーが、組み立てられそうな位置まで巻きます。
(kb17) **ぜんまいカバーを組立** ... 右柱、ぜんまいカバー、中柱に目釘を差します。留め皮を貼ります。

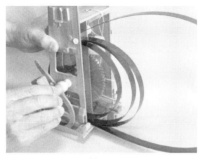
kb16

kb17

(kb18) **天板に頭を組立** ... 首心棒を天板に差します。左右の頭振り糸（上）を、交差するようにして天
　　　　　　　　　　　　板添え板の溝に通し、さらに天板、頭振り糸誘導板の穴を通します。
(kb19) **頭振り糸（上下）の糸張り** ... 左右の頭振り糸（上）を、糸中間継ぎ手に留め釘で留めます。
　　　　　　　　　　　　　　　　　頭が動かない範囲で、余裕を持った張りにしておきます。

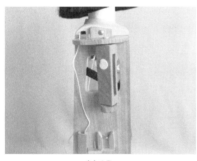
kb18

kb19

(kb20) **歩行調整に進む** ... この状態で歩行調整をします。
　　　　　　　　　　　　　足、腕、頭の動作確認・調整は、歩行調整の後にします。

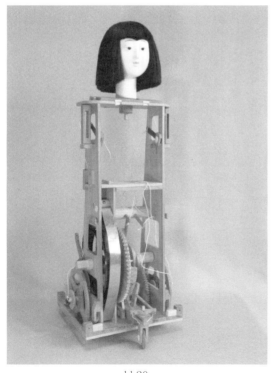
kb20

67

2 歩行調整

　三番叟人形は、部品の一部取り外しや糸の張り具合を変えたりするだけで、色々な動きをさせることが出来ます。大野弁吉作の三番叟人形のようにも、機巧図彙の茶運び人形のようにも動かせます。
　歩行調整は、主に楫用管の長さ調整になります。
　すべての動きを試してみて、機構を知るとともに、好みの動きを選んで、お楽しみください。

（1）直進歩行 a（動輪左固定）

　方向転換機構、動輪切換機構のどちらも無効にします。魁車、動輪も初期設定のまま動きます。

(kc01)　左右の楫用管、楫取り爪を取り外し、魁車が真っ直ぐになるように楫糸を張ります。
(kc02)　動輪切換糸は、留め釘で留めずにフリーにしておきます。
(kc03)　動輪切換板を手に持って左に寄せ、左の畳すり車を頭振り輪と組み合わせ、動輪にします。

kc01

kc02

kc03

(kc04)　ぜんまいを巻き、停止爪つまみを引き、人形を動かします。
(kc05)　三輪車として真っ直ぐ進むはずですが、構造的にわずかに右に進む場合があります。左の動輪と右の畳すり車が、同じ回転数にならないためです。右の畳すり車は、二の輪心棒や地面との摩擦力で回転しています。いくらかの滑りがあると思われます。また、右の動輪切換板と畳すり車軸座金、畳すり車補助輪との摩擦で、畳すり車の回転が逆に制限されていることも考えられます。極端に右に行く場合は、畳すり車の回転数を減らしている原因を見つけて修正します。
(kc06)　動かす場（地面）によっても左右の車の回転数が変わります。フェルト、フローリング等で試してみて、特性を確認します。

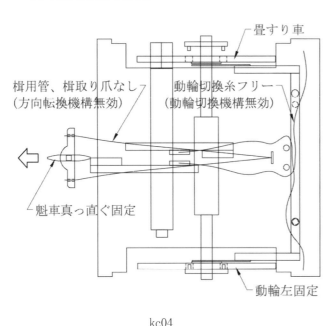
kc04

kc05

kc06

（2） 直進歩行 b（動輪右固定）

方向転換機構、動輪切換機構のどちらも無効にします。魁車、動輪も初期設定のまま動きます。

(kd01)(kd02)　前記(1)の左右を逆に読み替えて、同じように確認します。

kd01

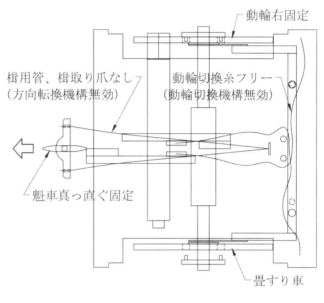
kd02

（3） 直進歩行 c（動輪左右切換）

方向転換機構は無効、動輪切換機構は有効にします。魁車は初期設定のまま、動輪は自動で左右交互に切り換わり、動きます。

※直進歩行に動輪切換をしても特に意味がありませんが、8の字歩行の事前確認になります。

(ke01)　動輪切換糸を、P.59（bs01〜02）(bs06)と同じように張ります。
(ke02)　人形を動かします。左右の行戻りが動輪切換爪を交互に押し、動輪切換糸を引きます。それに連れ、動輪切換板が左右交互に動きます。
　　　このため、動輪が右になったり、左になったりしながら、進みます。

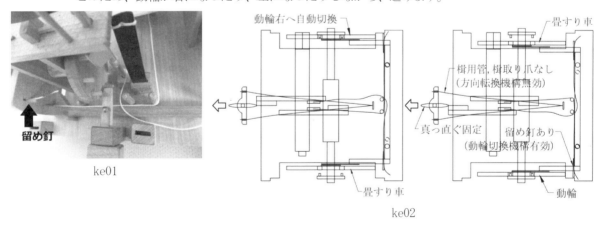
ke01　　　　　　　　　　　　ke02

（4）円歩行 a（右回り）

方向転換機構、動輪切換機構のどちらも無効にします。魁車、動輪も初期設定のまま動きます。
前項(1)とは魁車の角度の違いだけです。

※右回りの円を描き進みます。この動きは、大野弁吉作の三番叟人形と同じになります。

(kf01)　楫用管、楫取り爪を取り外し、魁車を右に10度ほど傾けた状態に楫糸を張ります。
(kf02)　動輪切換糸は、留め釘で留めずにフリーにしておきます。
(kf03)　動輪切換板を手に持って左に寄せ、左の畳すり車を頭振り輪と組み合わせ、動輪にします。

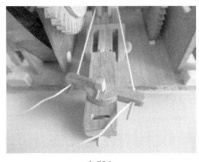  

kf01　　　　　　　　　　　　kf02　　　　　　　　　　　　kf03

(kf04)　人形を動かします。右回りの円を描きます。直径は、魁車の傾き角度により変わります。

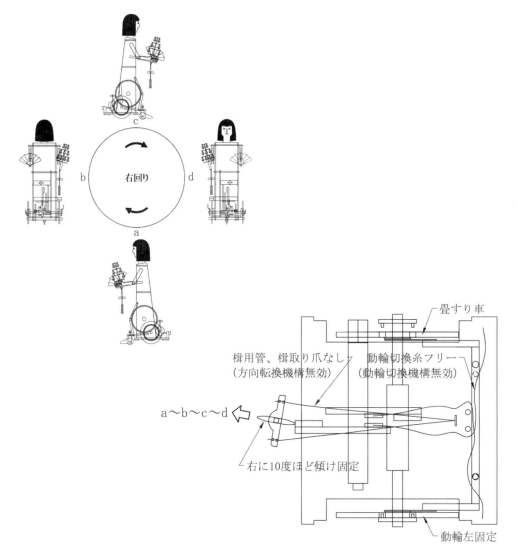

kf04

（5）円歩行 b（左回り）

方向転換機構、動輪切換機構のどちらも無効にします。　魁車、動輪も初期設定のまま動きます。

(kg01)(kg02)(kg03)　前記(4)の左右を逆に読み替えて、同じように確認します。

  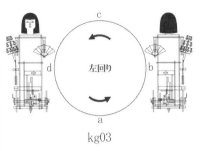

kg01　　　　　　　　　　kg02　　　　　　　　　　kg03

（6）トラック歩行 a（右回転）

方向転換機構の左側のみ有効、動輪切換機構は無効にします。魁車が自動で右に傾き、動輪は初期設定のまま動きます。

※右回転のトラックを描き進みます。この動きは、機巧図彙の茶運び人形と同じになります。

- (kh01)　楫用管、楫取り爪を左だけ取り付けて、魁車が真っ直ぐになるように楫糸を張ります。楫用管の長さは、とりあえず43mmにします。
- (kh02)　動輪切換糸は、留め釘で留めずにフリーにしておきます。
- (kh03)　動輪切換板を手に持って左に寄せ、左の畳すり車を頭振り輪と組み合わせ、動輪にします。

kh01　　　　　　　　　　kh02　　　　　　　　　　kh03

- (kh04)　右の行戻りが後ろから見えるように、行戻りを手で回転させます。
- (kh05)(kh06)　人形を動かします。直進後、右回転をします。180度以上回転してしまうと思います。楫用管を少し短くします。また人形を動かしてみます。行戻り、楫取り爪等のわずかな形状の違いで人形により変わりますが、41～40mmくらいで180度の回転になると思います。

 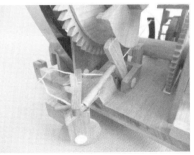 

kh04　　　　　　　　　　kh05　　　　　　　　　　kh06

(kh07) 調整後の動きは、行戻り片羽根の動きのように、1.5mほど直進して、右回転をします、180度回転して、また1.5mの直進をします。このトラックを描く動きを繰り返します。

調整した楫用管には、左右も分類しておきます。

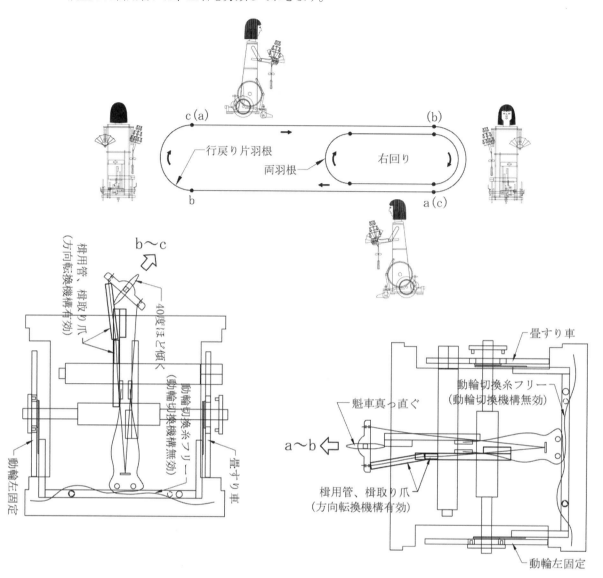

kh07

(kh08) 上記(kh07)の行戻り片羽根の動きで直進が長すぎると思う場合は、直進を半分以下にして、両羽根の動きのようにも出来ます。なお、この場合、少し手を加える必要があります。
現在の片羽根行戻りの代わりとなる両羽根行戻りを作り、組み立て直します。

(kh09) 一の輪が一周する間に、両羽根行戻りが二度楫取り爪を押すことで直進が短くなります。

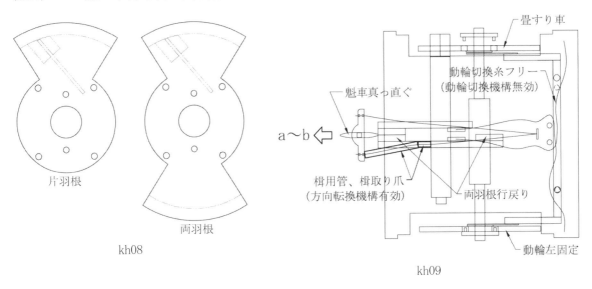

（7）トラック歩行 b（左回転）

方向転換機構の右側のみ有効、動輪切換機構は無効にします。魁車が自動で左に傾き、動輪は初期設定のまま動きます。

(ki01) 前記(6)の左右を逆に読み替えて、同じように確認します。

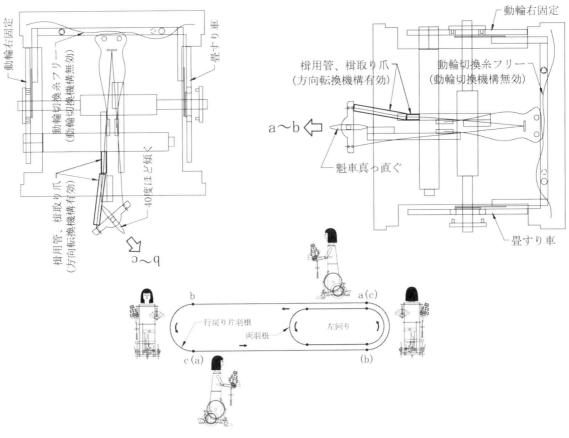

ki01

(8) 8の字歩行（左右交互回転）

　方向転換機構、動輪切換機構のどちらも有効にします。魁車が自動で左右交互に傾き、動輪が自動で左右交互に切り換えられ動きます。

　※8の字を描き進みます。この動きは、これまでの人形には見られない、個性的なものです。

(kj01)　楫用管、楫取り爪を左右とも取り付けて、魁車が真っ直ぐになるように楫糸を張ります。
　　　　楫用管の長さは、とりあえず43mmにします。
(kj02)　動輪切換糸を、P.59（bs01〜02）（bs06）と同じように張ります。
(kj03)　まず左回転を調整します。行戻りを手で持って、右の行戻りが後ろ向きになるように回します。

kj01

kj02

kj03

(kj04)　動輪切換板を手に持って左に寄せ、左の畳すり車を頭振り輪と組み合わせ、動輪にします。
(kj05)　人形を動かします。左が動輪となり直進します。少し直進して、右の行戻りが動輪切換爪を押し、動輪切換糸を引きます。それに連れ、動輪切換板が右に動き、今度は、右の畳すり車が動輪になります。右の行戻りは、続けてすぐに右の楫取り爪を押します。楫が左に切られ、左回転をします。240度ほど回転するように、楫用管の長さを調整します。前記(6)の楫用管よりも若干長くなると思います。

kj04

kj05

(kj06)(kj07)　上記(kj03〜05)を左右を逆に読み替えて、同じように右回転の調整を行います。
(kj08)　調整した楫用管は、左右が微妙に違いますので左右も分類しておきます。

kj06

kj07

kj08

(kj09) 左右の楫用管が出来ました。人形を左回りから始めるようにします。
　　　※どちらの回りからでもかまいません。右回りから始める場合は、以下記載の左右を逆にします。
行戻りを手で持って、右の行戻りが後ろ向きになるように回します。
動輪切換板を手に持って左に寄せ、左の畳すり車を頭振り輪と組み合わせ、動輪にします。
人形を動かします。直進を始めます。40cmほど進むと左回転を始めます。240度ほど回転して直進します。40cmほど進み、今度は右回転を始めます。240度ほど回転して直進します。
この8の字を描く動きを、繰り返します。

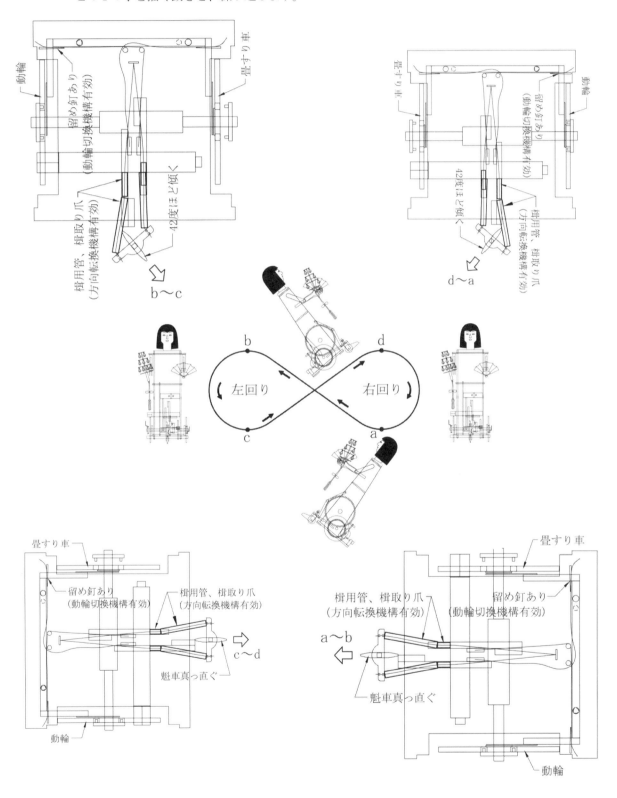

kj09

3 組立Ⅱ、分解

歩行調整後、残りの部品を組み立てて、動作確認・調整をします。

（1）歩行調整後組立、動作確認・調整

(kk01) **左右柱に足棒を組立** ... 足棒受け、足棒に目釘を差し、左右柱に留めます。留め皮を貼ります。
(kk02) **左右柱に太股を組立** ... 太股受け、太股に目釘を差し、左右柱に留めます。留め皮を貼ります。
(kk03) **左右足の動作確認** ... 人形を動かします。（手に持って、浮かした状態でもかまいません）
　　　　　　　　　　　足が交互に上下して足踏みをします。太股、すねも同時に動きます。

kk01

kk02

kk03

(kk04) **左肩に左上腕を組立** ... 左肩と左上腕に目釘を差します。留め皮を貼ります。
(kk05) **左側肩受けに左肩回転制限板を組立** ... この左肩回転制限板により左手の開きが固定されます。左手の開きが好みの角度になるようにします。左肩回転制限板に木工用ボンドをつけて左側肩受けに接着します。
(kk06) **左肩ばね糸の糸張り** ... 左肩ばね糸を左上腕のイの穴の右側から通します。左上腕を半周回してロの穴の右から通して、留め釘で留めます。左手が左側に開かないように、ばねを利かせます。

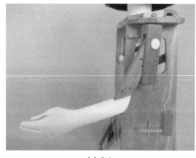
kk04

kk05
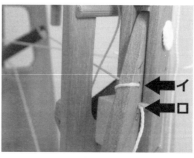
kk06

(kk07)(kk08) **左手上げ糸の糸張り** ... 左手上げ棒が水平になっていることを確認します。左手上げ糸を左手上げ糸・右肩回転糸滑り輪、左手上げ糸滑り輪に通します。左上腕のハの穴の右側から通し、左上腕を半周回してニの穴の右側から通し、留め釘で留めます。緩みのないように張ります。
(kk09) **右肩に右上腕を組立** ... 右肩と右上腕に目釘を差します。留め皮を貼ります。

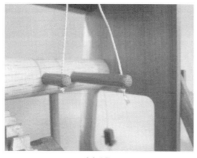
kk07
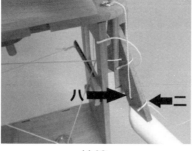
kk08
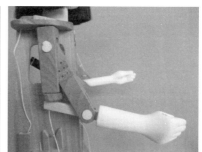
kk09

(kk10) **右肩ばね糸の糸張り** ... 右肩ばね糸を右上腕の㋑の穴の左側から通します。右上腕を半周回して㋩の穴の左側から通して、留め釘で留めます。右上腕が左に回転して、右柱に当たるところで緩みのないようにします。

(kk11)(kk12) **右肩回転糸の糸張り** ... 右肩回転棒が水平になっていることを確認します。右肩回転糸を左手上げ糸・右肩回転糸滑り輪に通します。右上腕の㋭の穴の右側から通し、さらに㋥の穴の左側から通し、留め釘で留めます。右肩ばね糸との張り具合で、右手の右側への開きを好みの位置にします。

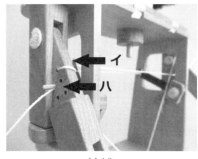  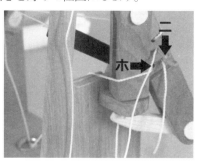

kk10　　　　　　　　　　　kk11　　　　　　　　　　　kk12

(kk13) **左右肩、上腕の動作確認** ... 人形を動かします。左手が35mmほどゆっくりと上がります。また右手が20度ほど右側に開きます。

(kk14) **右手上げ糸の糸張り** ... 右手上げ棒が右手上げ棒制限釘に当たっていることを確認します。右手上げ糸を右手上げ糸誘導棒、右手上げ糸滑り棒に通します。右手上げ棒の上の穴に通し、半周回して下の穴に通し、留め釘で留めます。緩みのないように張ります。

(kk15) **右手の動作確認** ... 人形を動かします。右手が断続的に上下に動きます。

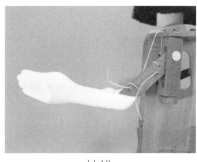 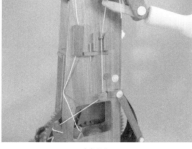 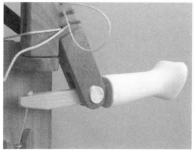

kk13　　　　　　　　　　　kk14　　　　　　　　　　　kk15

(kk16)(kk17) **頭振り糸（上下）の調整** ... まず左の頭振り糸（上下）の長さを調整します。左の頭振りを最低の位置にします。頭を20度ほど右に回転させます。この状態で、左の頭振り糸（上下）を緩みのないように、糸中間継ぎ手に留め釘で留めます。

次に右の頭振り糸（上下）の長さを調整します。頭もそのままで、右の頭振りが最高の位置になっています。右の頭振り糸（上下）を緩みのないように、糸中間継ぎ手に留め釘で留めます。

(kk18) **頭の動作確認** ... 人形を動かします。頭が、40度ほどの範囲で左右に動きます

kk16　　　　　　　　　　　kk17　　　　　　　　　　　kk18

- (kk19) **左手に扇を組立** ... 虫ピンのようなもので固定します。扇は、取り付け、取り外しが出来るようにしておきます。
- (kk20) **右手に神楽鈴・房を組立** ... 右手の穴に神楽鈴持ち手を差し、房を房留め輪に差します。
- (kk21) **スケルトンの完成** ... 機構などを解説したい場合は、この状態で披露します。

※衣装を着せる場合、上記(kk19～20)は、P.83 [2] 衣装を着せる の後に組み立てます。

kk19

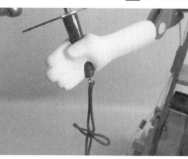
kk20

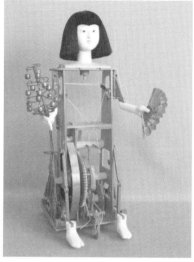
kk21

- (kk22) **胸からみ防止を組立** ... 胸からみ防止を、中板・天板にはめ込みます。
  胸からみ防止の上が溝から飛び出すようであれば、留め皮を貼ります。
- (kk23) **前後・左右からみ防止を組立** ... 前後・左右からみ防止を、からみ防止受け等に差しこみます。
  からみ防止受けから飛び出すようであれば、留め釘で留めます。

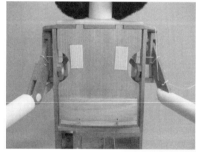
kk22

kk23

（２）分解

分解は、組立の逆順になります。

- (k101) ぜんまいを外す時は、ぜんまいを手で少しずつ引っ張り出しながら、ゆるめていきます。

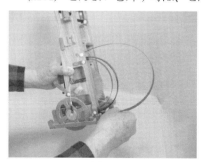
k101

五 衣装を縫う・着せる

1　衣装を縫う　　　　80
2　衣装を着せる　　　83

1 衣装を縫う

縫製は、正木陽子氏にお願いしました。ありがとうございました。

（1）着物

(ia1) 前

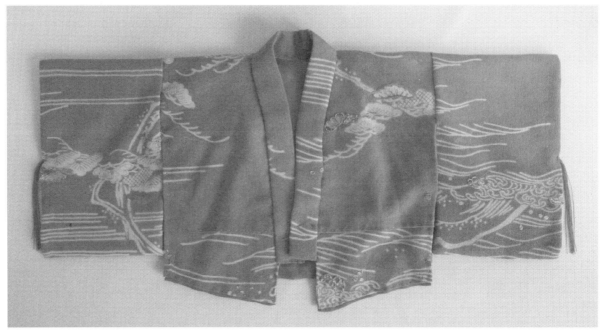

ia1

(ia2) 後

ia2

(ia3)(ia4) 裁断、しつけ

ia3

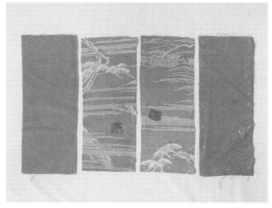

ia4

（2）襦袢

(ib1) 襦袢

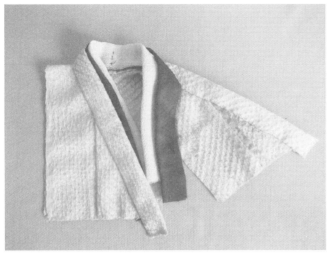

ib1

(ib2) 裁断、しつけ

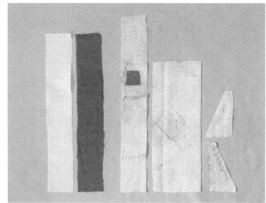

ib2

（3）烏帽子

(ic1) 烏帽子

ic1

(ic2) 裁断、しつけ

ic2

（4）袴

(id1) 前

id1

(id2) 結び帯

id2

(id3) 裁断、しつけ

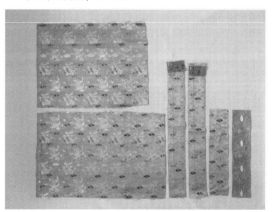

id3

2 衣装を着せる

襦袢、着物、袴、烏帽子の順に着せます。
　※衣装を着せる時は、扇と神楽鈴は外します。

（1）襦袢

(ie1) **綿入れを貼る**…胸、背に綿入れを貼ります。（着付けの好みにより、貼ります0）
(ie2) **襦袢を着せる**…肌襦袢、襦袢を首に巻いて着せます。

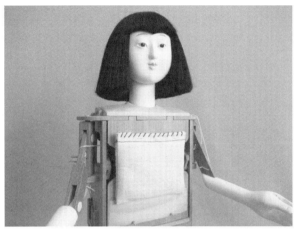

　　　　　ie1　　　　　　　　　　　　　　ie2

（2）着物

(if1) **片袖を通す**…左腕に袖を通します。
(if2) **着物を整える**…右腕に袖を通し、両脇のホックを留めて、整えます。

　　　　　if1　　　　　　　　　　　　　　if2

（3）袴

- (ig1) **袴をはかせる**...袴の上から、人形を入れていきます。
- (ig2) **袴の前帯を結ぶ**...袴の前帯を後に回して、緩みのないようにマジックテープで留めます。

ig1

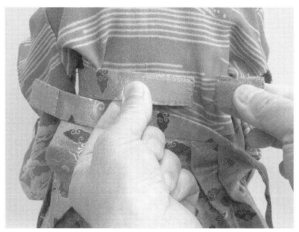
ig2

- (ig3) **袴の後帯を結ぶ**...袴の後帯を前に回して、左脇で緩みのないようにマジックテープで留めます。
- (ig4) **結び帯を着ける**...結び帯をお腹にマジックテープで留めます。

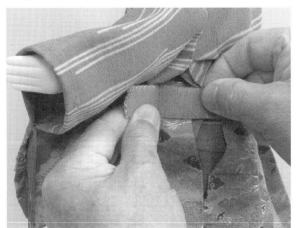
ig3

Igi4

（4）烏帽子

- (ih1) **烏帽子をかぶせる**...頭に烏帽子をかぶせます。
- (ih2) **紐を結ぶ**...蝶々結びで結びます。

ih1

ih2

六 収納箱を作る・収納する

1	材料	86
2	部品 加工、組立	86
3	人形を収納する	88

1　材料

収納箱は、桐材を使います。桐箱は、見た目も良く軽いため持ち運びも便利です。

桐材はホームセンターにもありますが、ネットの通信販売で購入すると便利です。府中家具.comのDIY銘木ショップの「銘木のカット販売」では、厚み、幅、長さを希望の寸法（mm単位）で購入出来ます。

2　部品　加工、組立

特段に変わった造りではありません。概略を記載します。

さらに詳細な加工、組立は、前著「江戸からくり巻1茶運び人形復元」をご参照ください。

（1）天板、底板

(sa1)　3天板、4底板にa箱補強材を貼ります。

(sa2)(sa3)　3天板にe持ち手、fメタルワッシャ、g持ち手補助材を取り付けます。

sa1　　　　　　　　　sa2　　　　　　　　　sa3

（2）左右板

(sb1)　1左板にb押さえ板受け、c,d鍵入れを取り付けます。

(sb2)　2右板にb押さえ板受けを取り付けます。

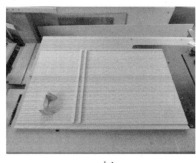
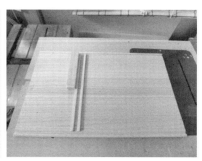

sb1　　　　　　　　　sb2

（3）箱 組立

(sc1) 1左板、4底板、6後板を組み立てます。1左板と4底板は、打ち付け接ぎで組み立てます。6後板は、追い入れ接ぎで組み立てます。

(sc2) 2右板、3天板も同じように組み立てます。

sc1　　　　　　　　　sc2

（4）箱溝穴埋め、クッション接着

(sd1) 桐の端材を加工したもので箱の溝を埋めます。

(sd2)(sd3) 4底板にhクッションを接着します。

 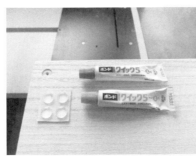 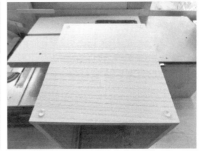

sd1　　　　　　　　　sd2　　　　　　　　　sd3

（5）前板

(se1)(se2) 5前板にj前板飾り、i前板上部を取り付けます。

se1　　　　　　　　　se2

（6）押さえ板（前）

(sf1)　8 押さえ板（前）に k, l, m 神楽鈴入れを取り付けます。
(sf2)　神楽鈴、房、扇等を収納します。

sf1　　　　　　　　　　sf2

（7）人形台

(sg1)(sg2)　9 人形台に n, o, p, q 人形台補助材を取り付けます。

sg1　　　　　　　　　　sg2

3　人形を収納する

収納する前に、ぜんまいを解放します。また、腕制御輪受け棒が垂直になるように、行戻りを回します。

(sh1)　烏帽子を底板に入れます。神楽鈴、房、扇等を、神楽鈴入れに入れます。
(sh2)　人形を人形台に置きます。人形台を収納箱にスライドさせながら収納します。
(sh3)　鍵、押さえ板（前）をそれぞれ収納して、蓋をします。

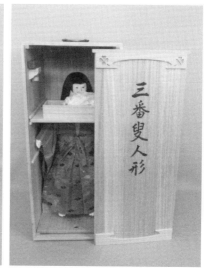

sh1　　　　　　　　sh2　　　　　　　　sh3

七 製作図面

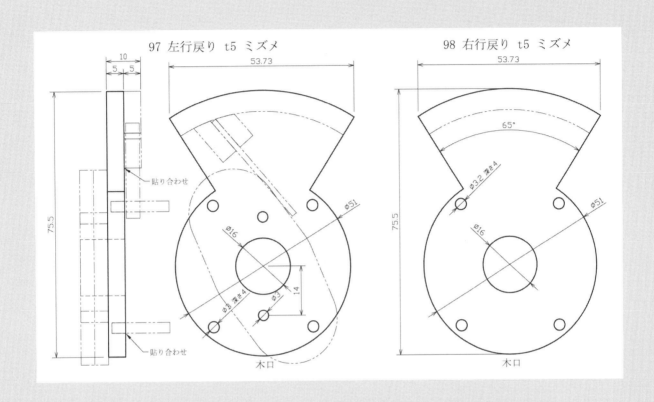

製作図面について 90
三番叟人形 組立図・部品図 91
三番叟人形 衣装型紙 127
三番叟人形 収納箱 組立図・部品図 135

製作図面について
　　この三番叟人形は、書物に掲載されている画像を参考に、新たな機構を追加して設計しています。
　　　　※微笑に隠された江戸のハイテクの秘密　からくり人形　(株)学習研究社

①部品の名称は、茶運び人形と共通するものは、機巧図彙に載っているものをそのまま使ってます。
　それ以外は、適当と思われるものにしています。
②三番叟人形の前後左右は、人形によって定めています。
③単位は、mmです。ただし、衣装型紙は、cmです。
④寸法値のφ（ファイ）は直径、tは厚み、□は正四角形を示しています。
⑤穴は、基本的に貫通です。貫通しないものは、深さを示しています。
⑥穴の大きさの基準は、次のとおりです。
　・軸穴の直径は、軸の大きさの＋0.4～0.5mmとしています。
　　　軸と軸受けの材料の違いや軸の太さにより変えています。
　・留め釘などを木工用ボンド等で固定する穴は、留め釘などの大きさと同じ直径にしています。
　　　（入りにくい場合は、軸穴を0.1mm大きくするか、軸を小さく削るか調整して下さい）
　・分解の都度、外すような目釘等の穴は、軸の大きさと同じ直径にしています。
　　　（目釘等は、組み立て後、動かしているときは簡単に抜けないように、また分解するときは容易に
　　　　外れるようにすることが必要です。目釘等を、楔にするとか、羊皮、和紙を貼るなど工夫して下さい）
⑦製図は、正確なJIS規格表示になっていないかもしれませんがご了承ください。

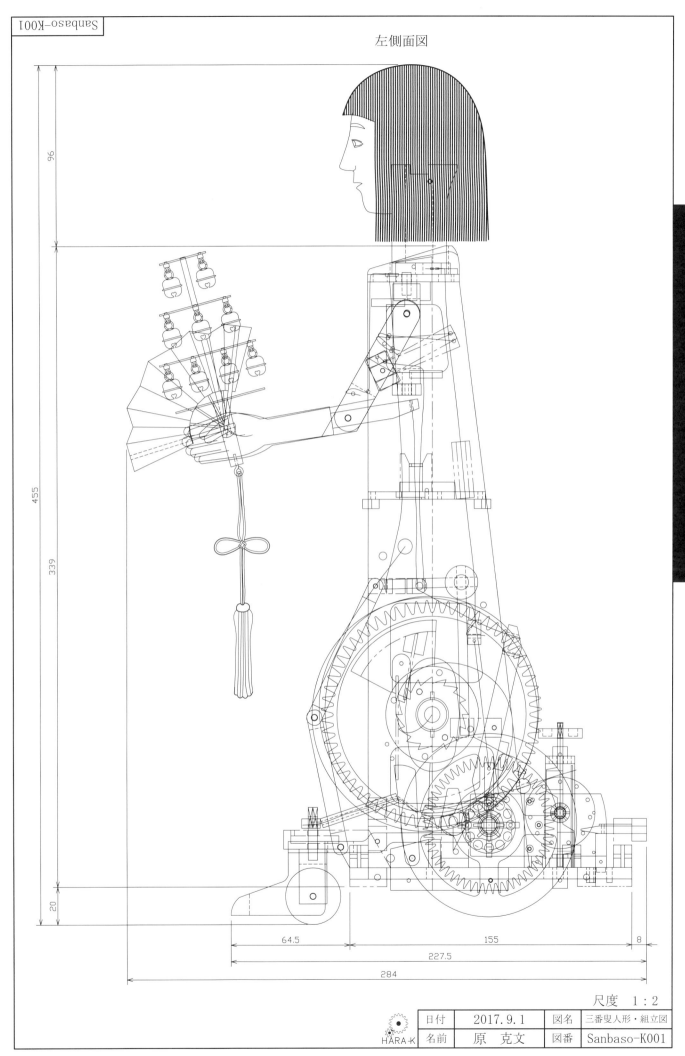

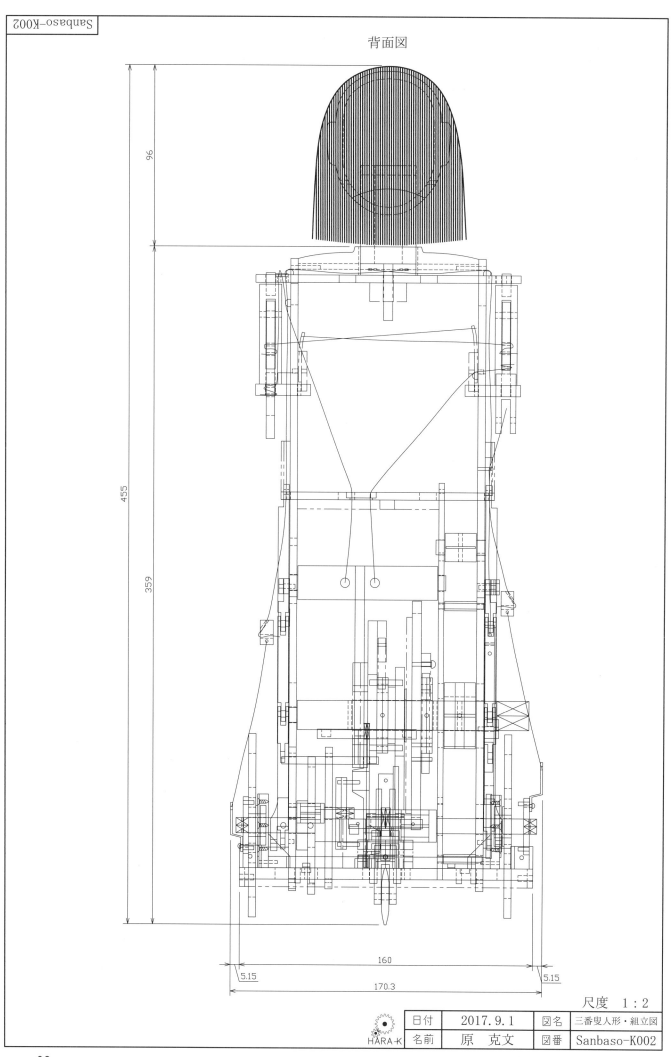

平面図

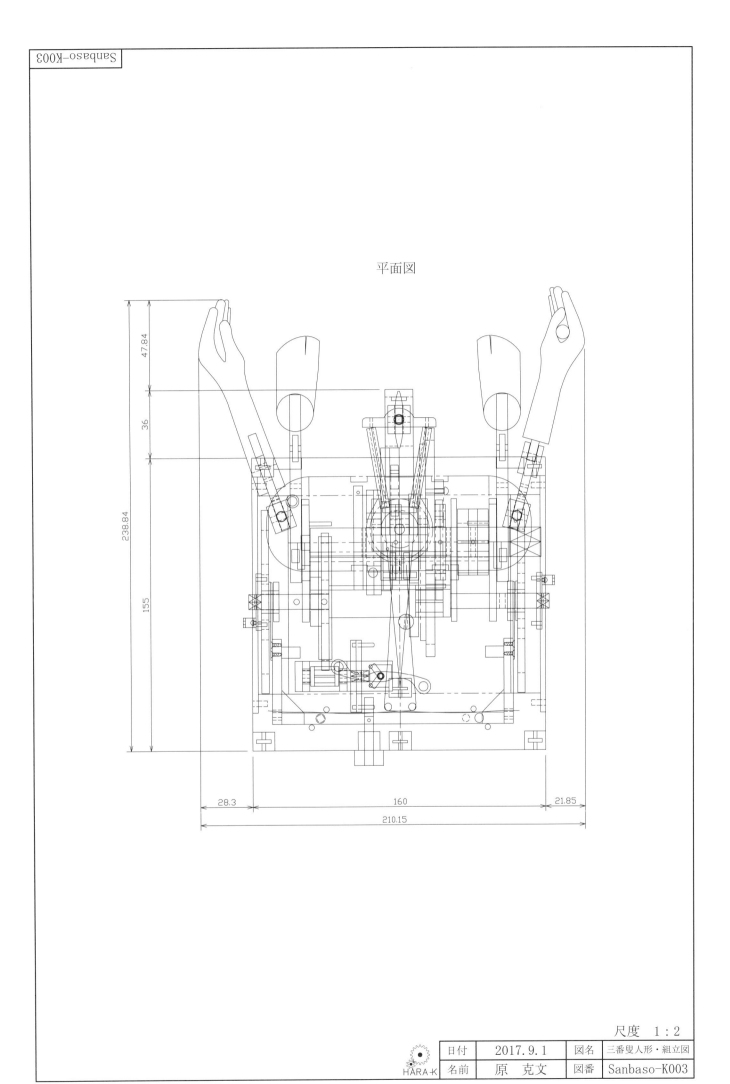

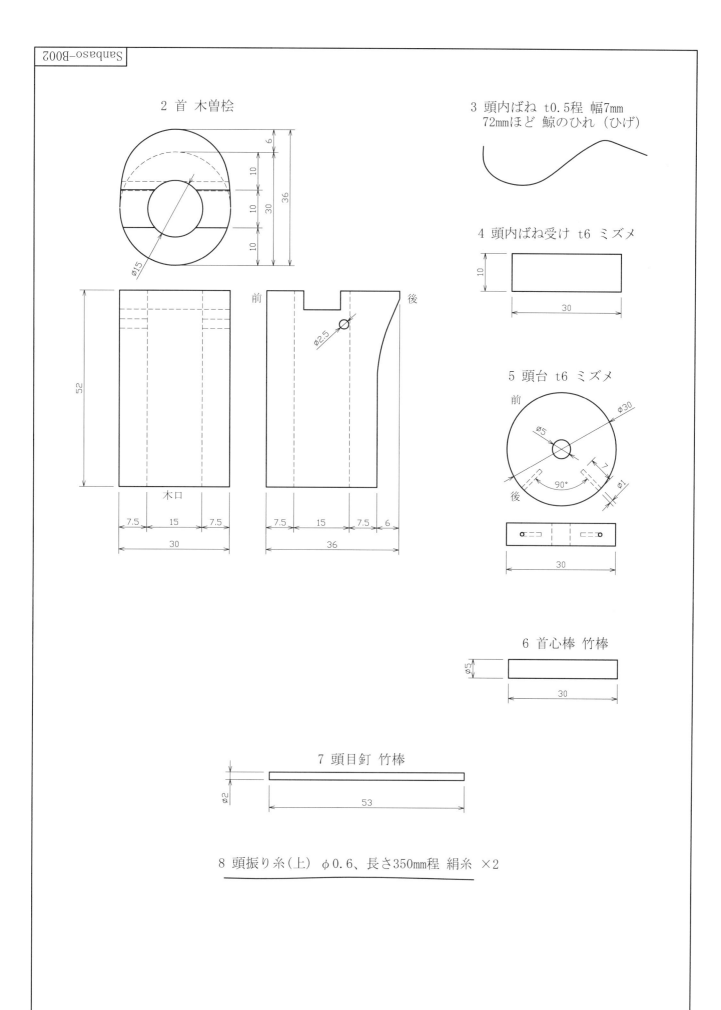

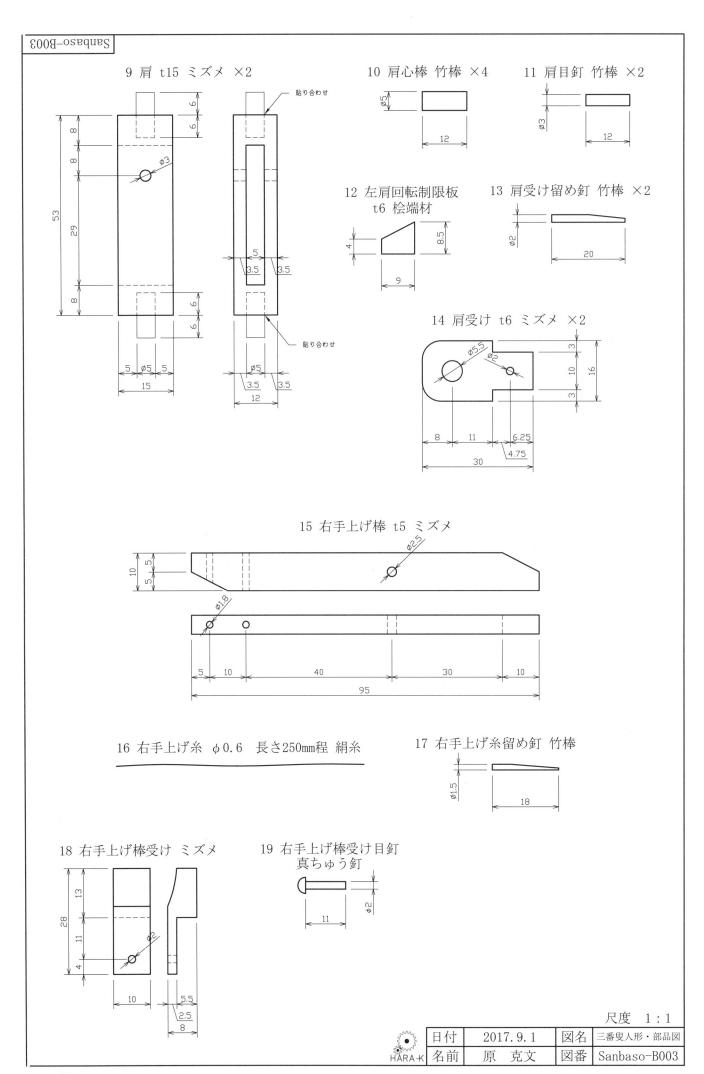

20 左上腕 t4.5 ミズメ

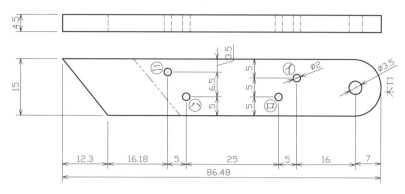

21 左手 木曽桧

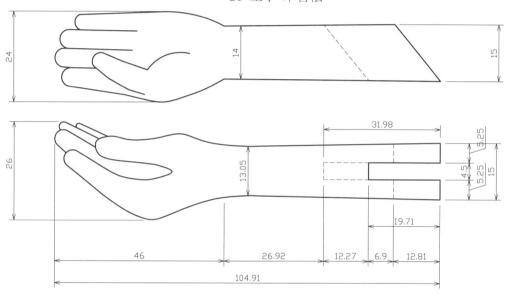

22 左手上げ糸 φ0.6 長さ250mm程 絹糸

23 左肩ばね糸 φ0.6 長さ250mm程 絹糸

24 左手上げ糸留め釘 竹棒

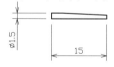

25 左肩ばね糸留め釘 竹棒

尺度 1:1

日付	2017.9.1	図名	三番叟人形・部品図
名前	原　克文	図番	Sanbaso-B004

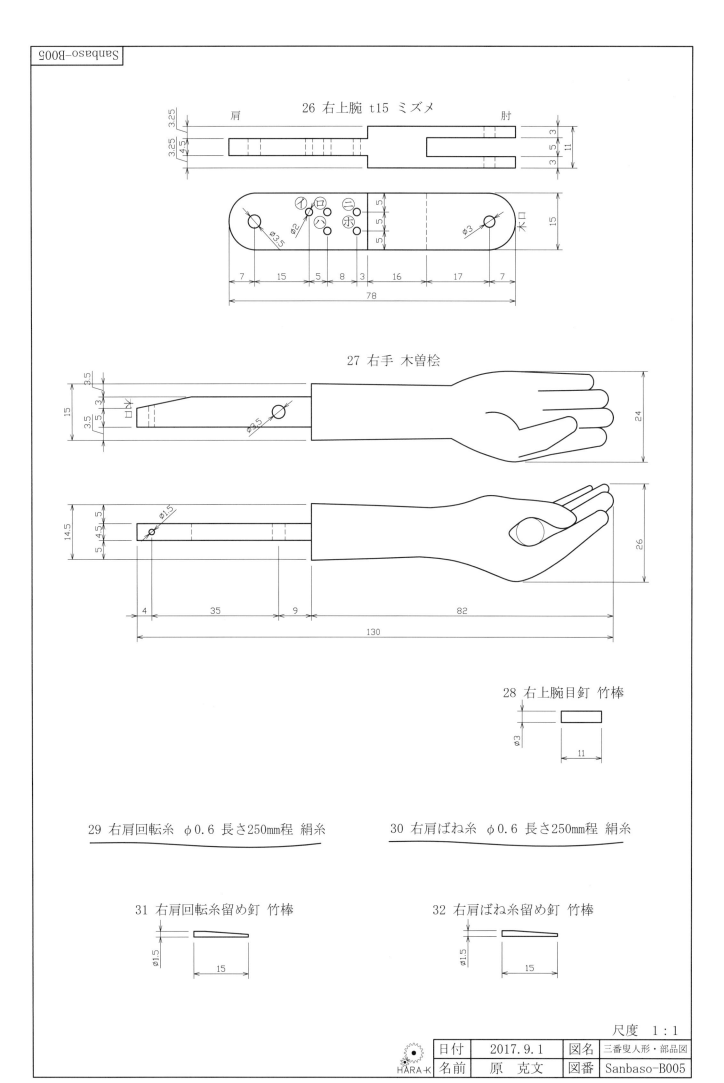

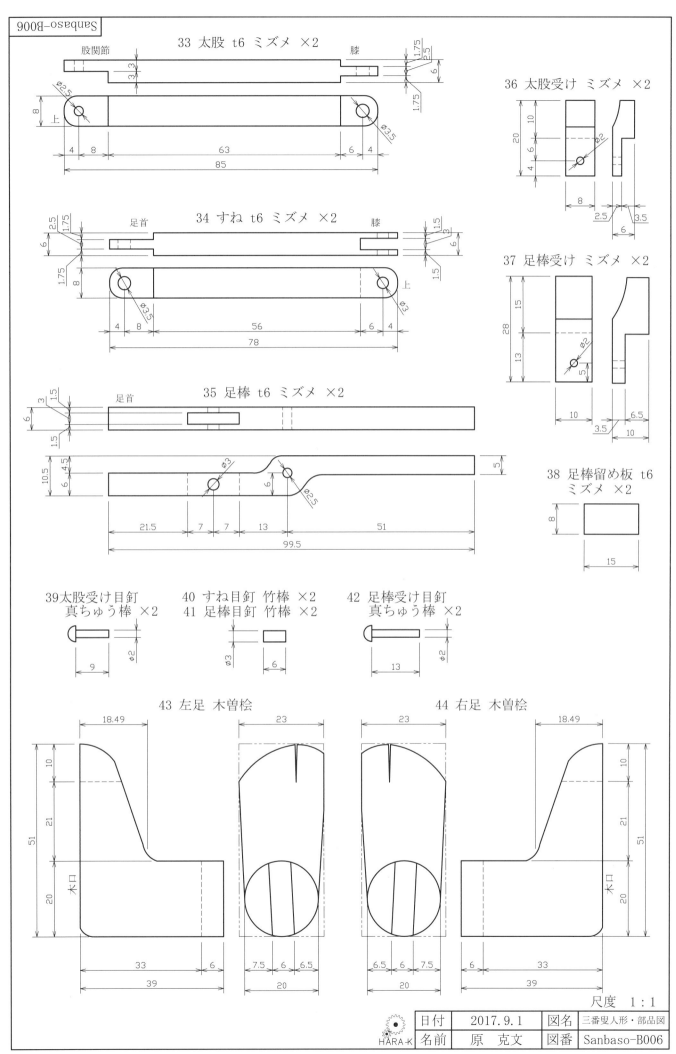

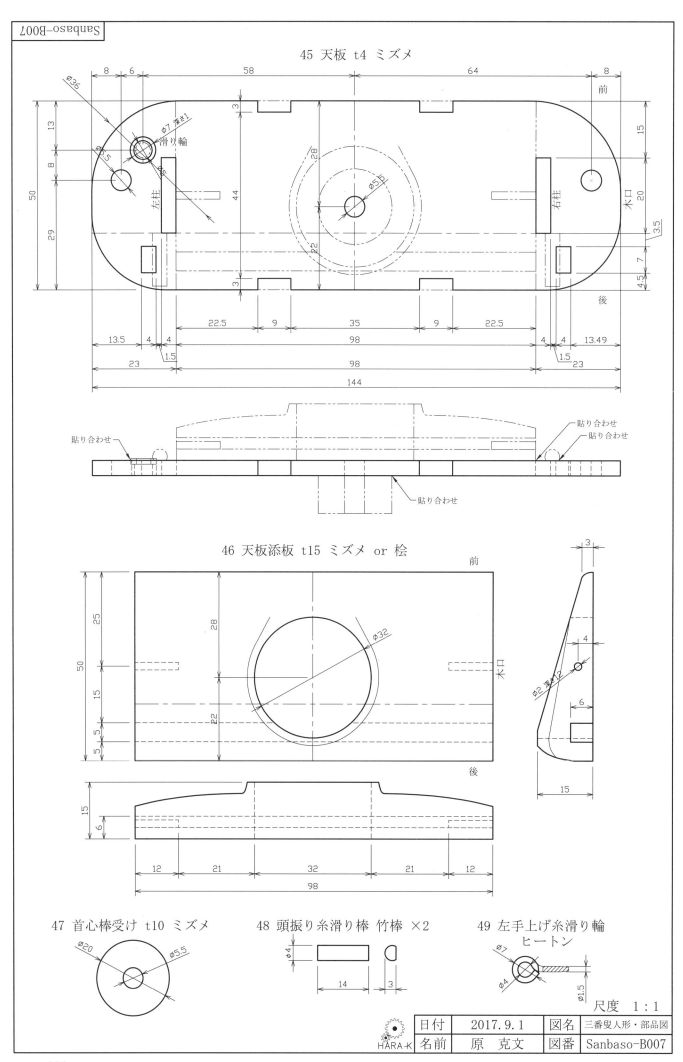

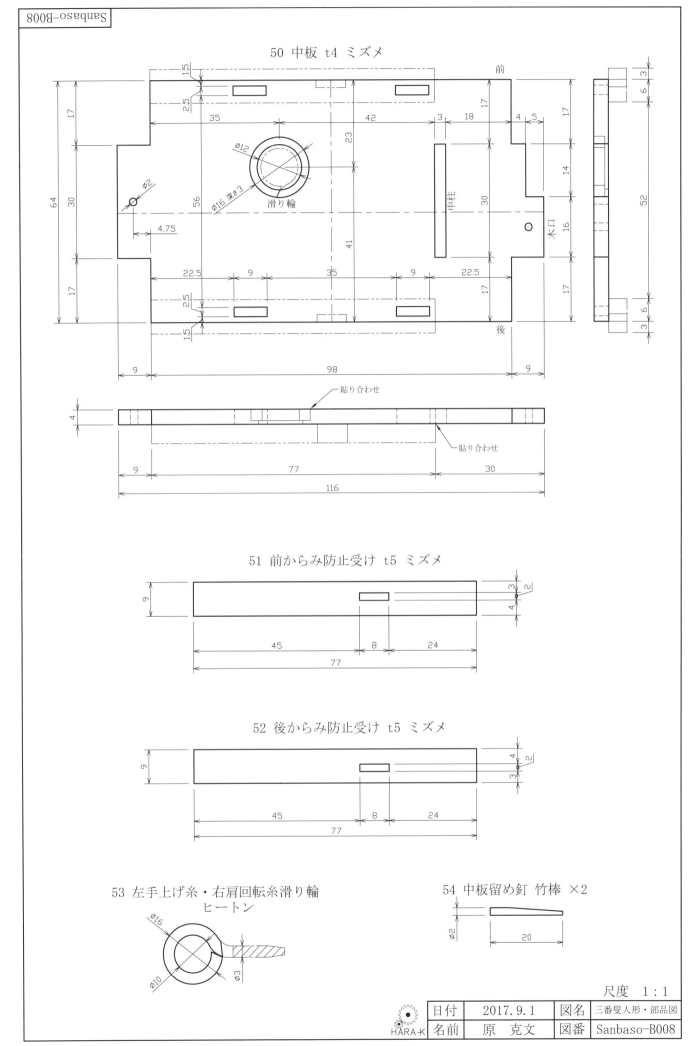

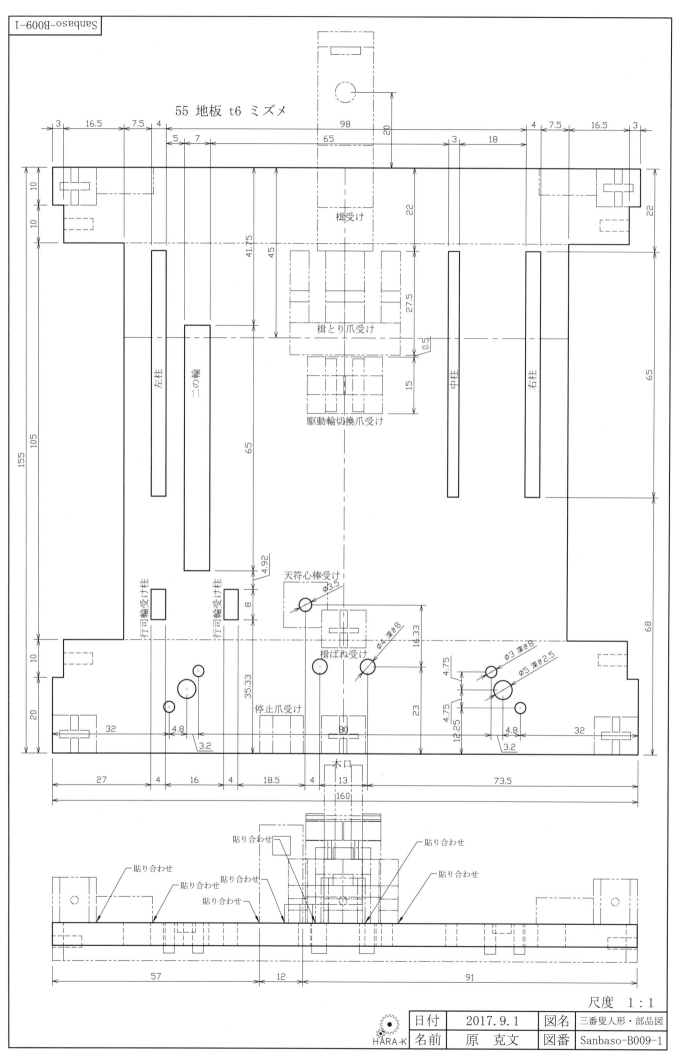

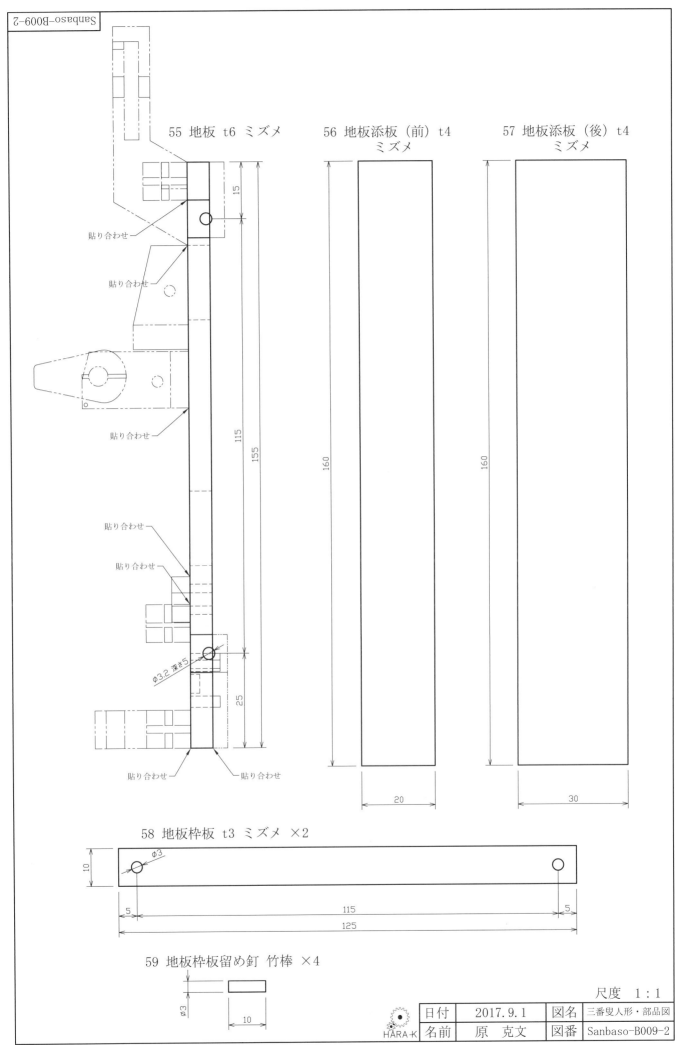

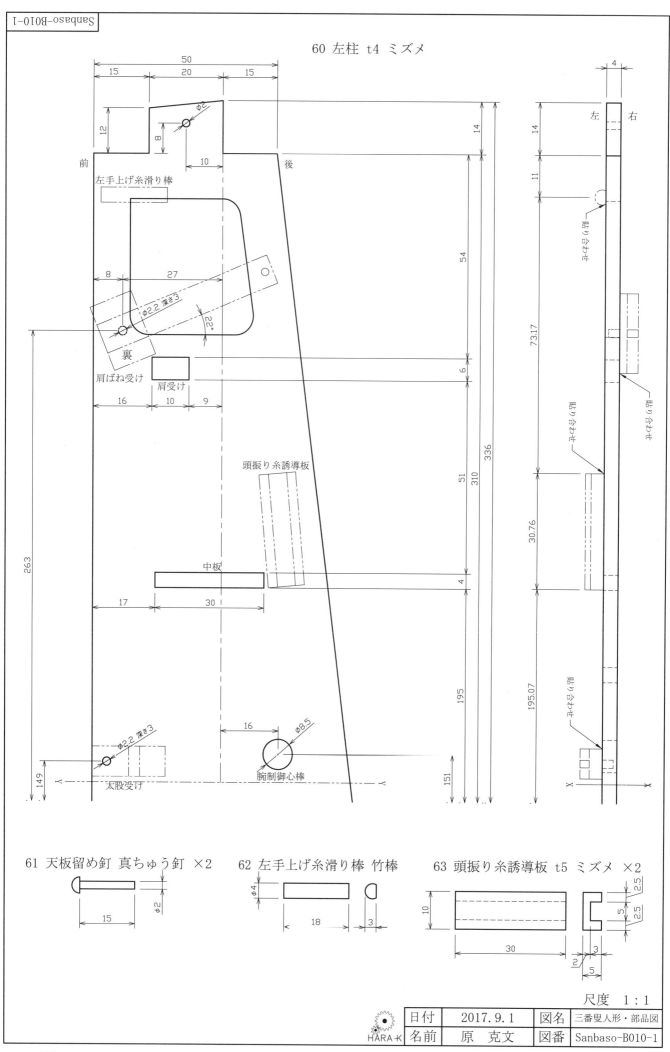

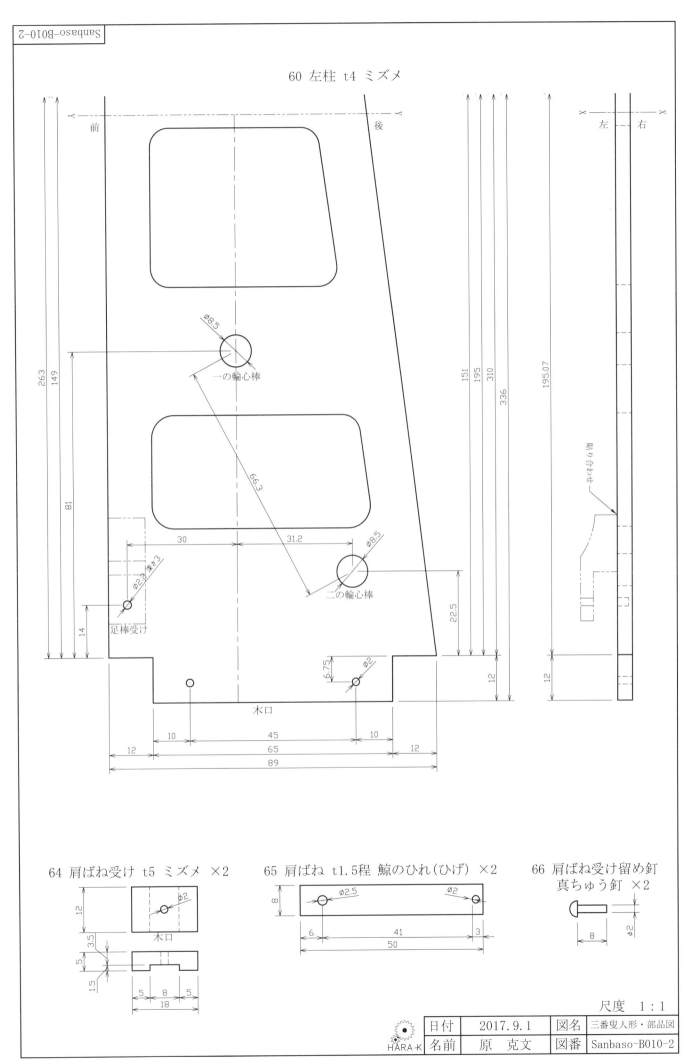

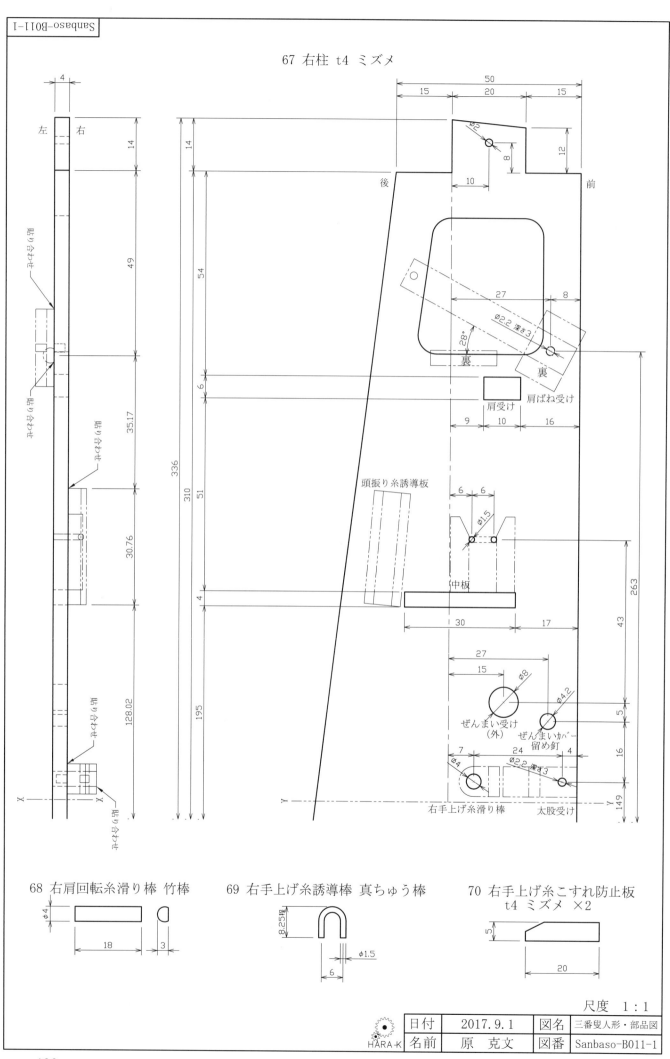

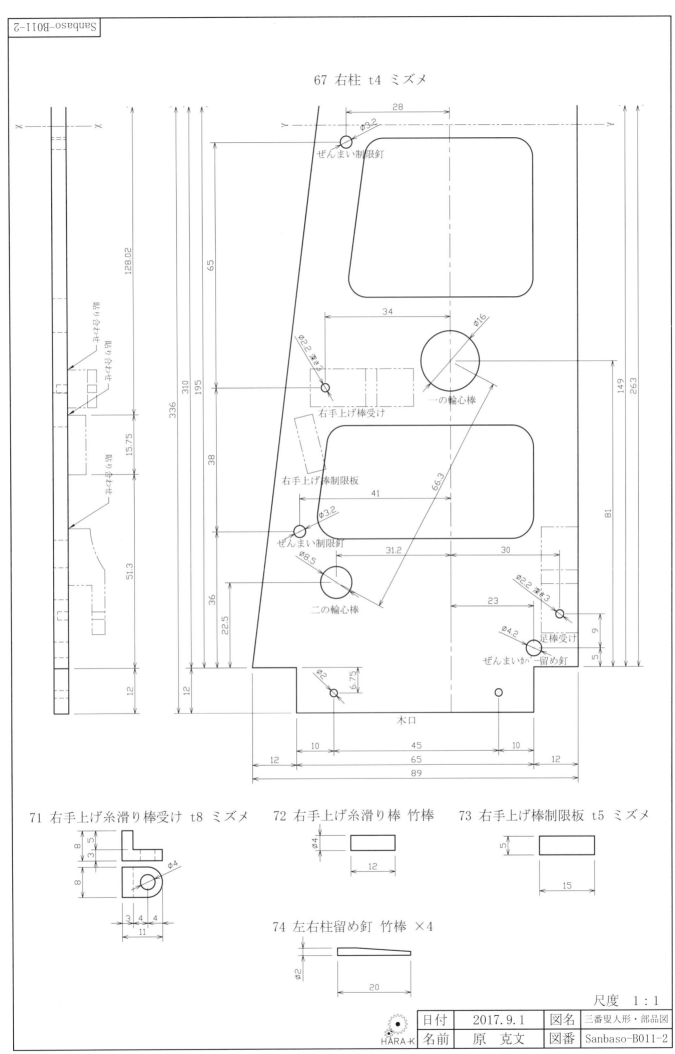

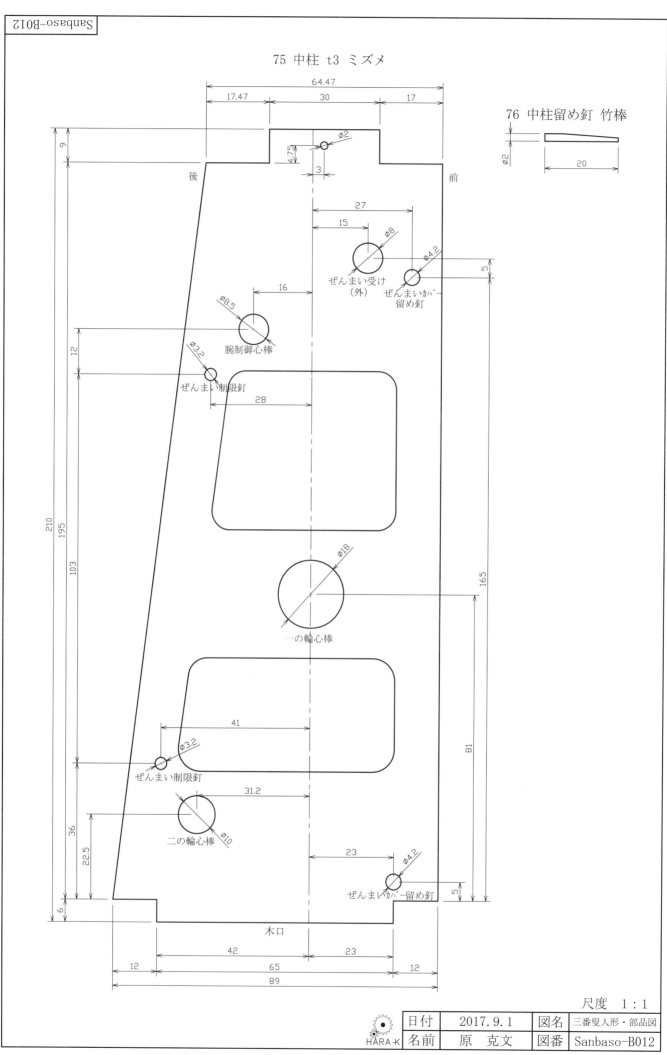

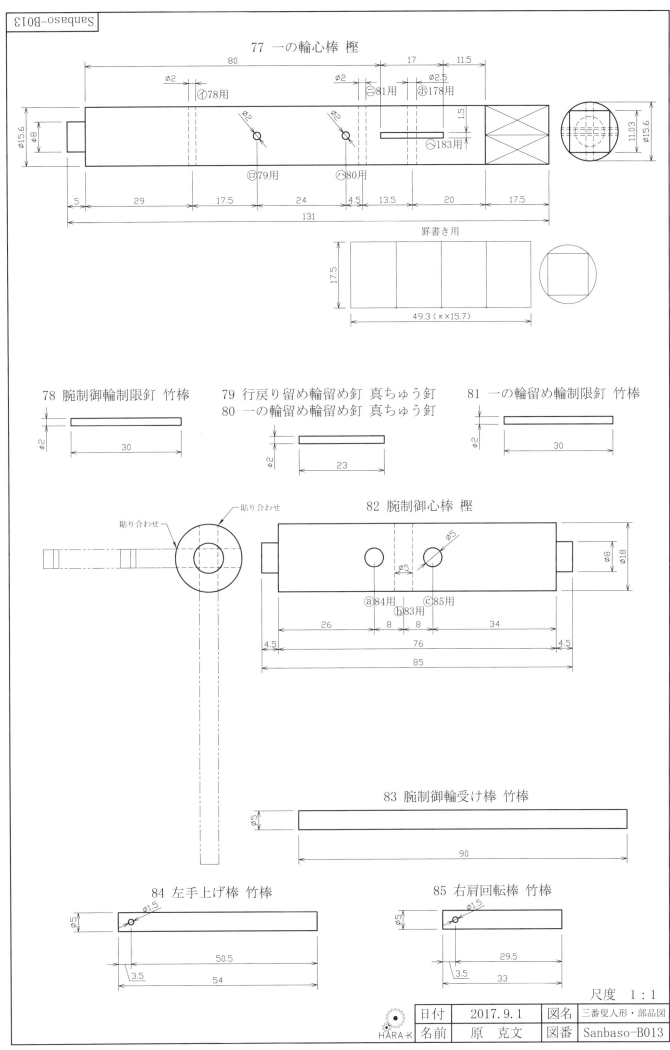

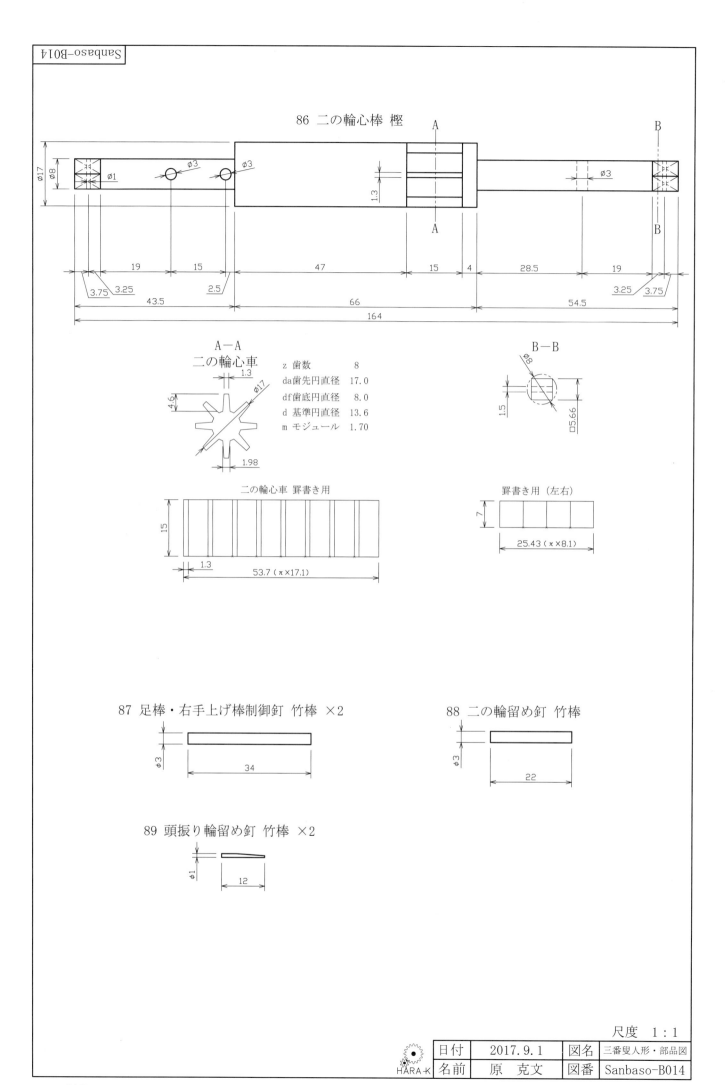

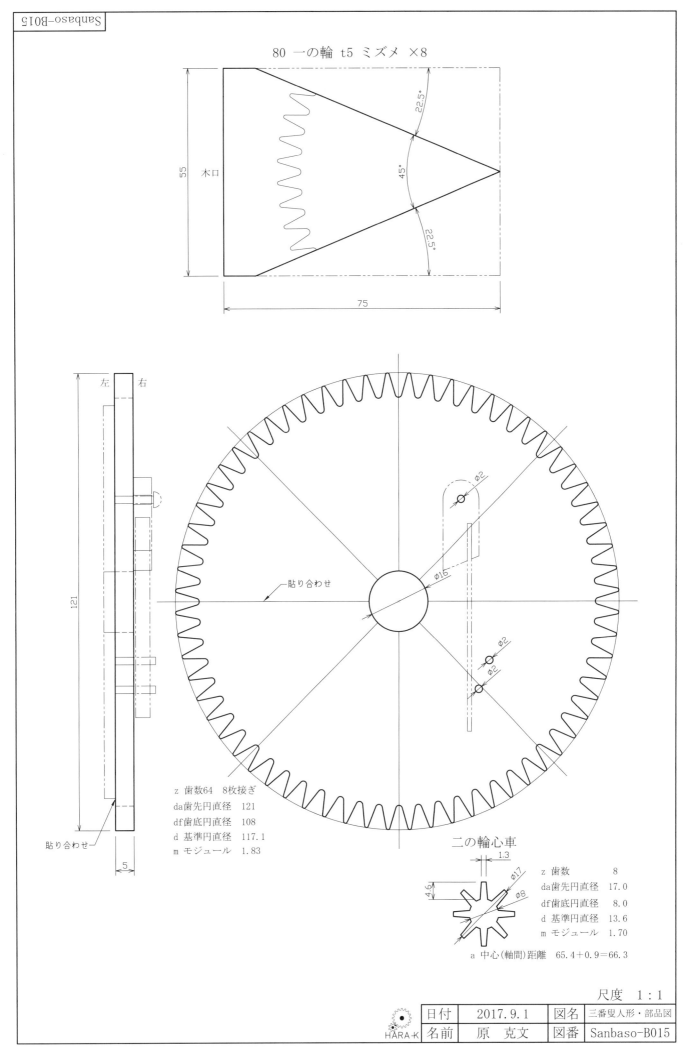

91 一の輪添板 t3 桧

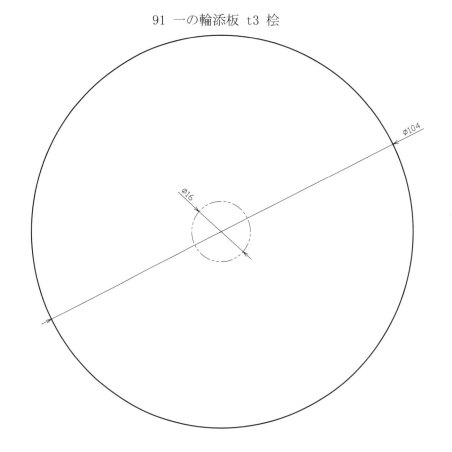

92 一の輪留め輪ばね受け t5 ミズメ

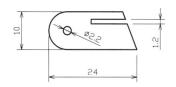

93 一の輪留め輪ばね t1.2程 鯨のひれ（ひげ）

94 一の輪留め輪ばね受け目釘 真ちゅう釘

95 一の輪留め輪ばね留め釘 竹棒 ×2

96 一の輪心棒座金 t0.8 真ちゅう板

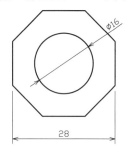

尺度　1:1

| 日付 | 2017.9.1 | 図名 | 三番叟人形・部品図 |
| 名前 | 原　克文 | 図番 | Sanbaso-B016 |

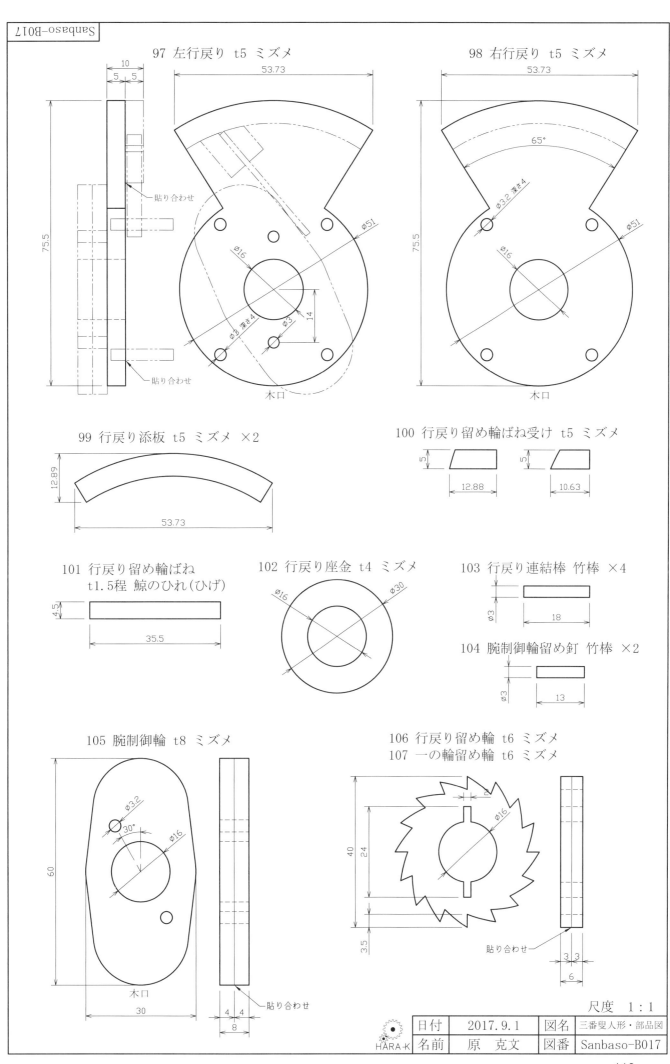

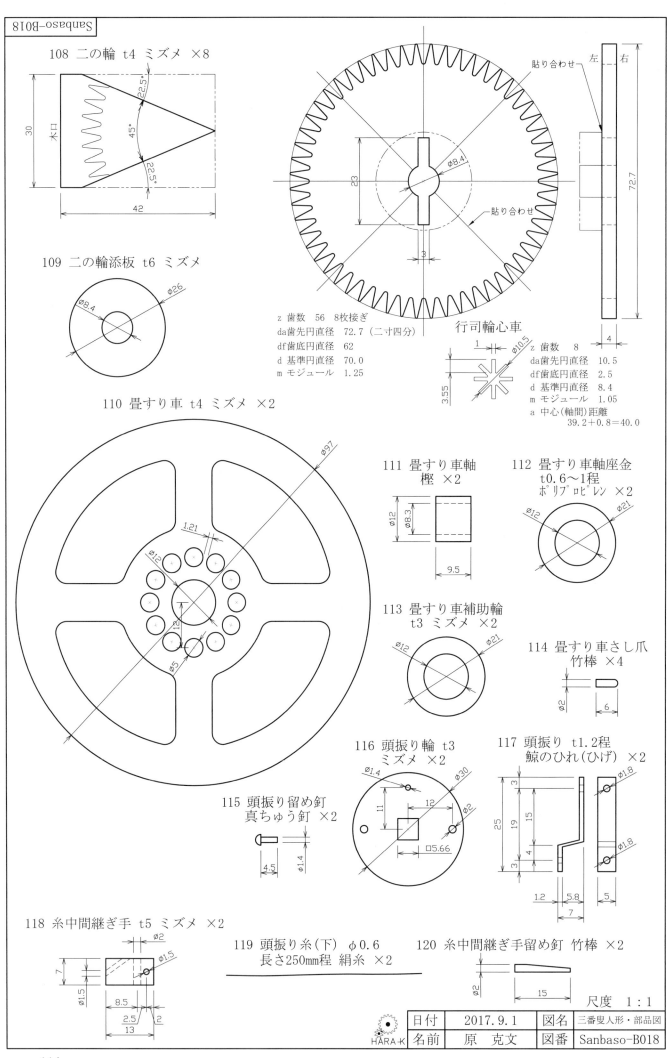

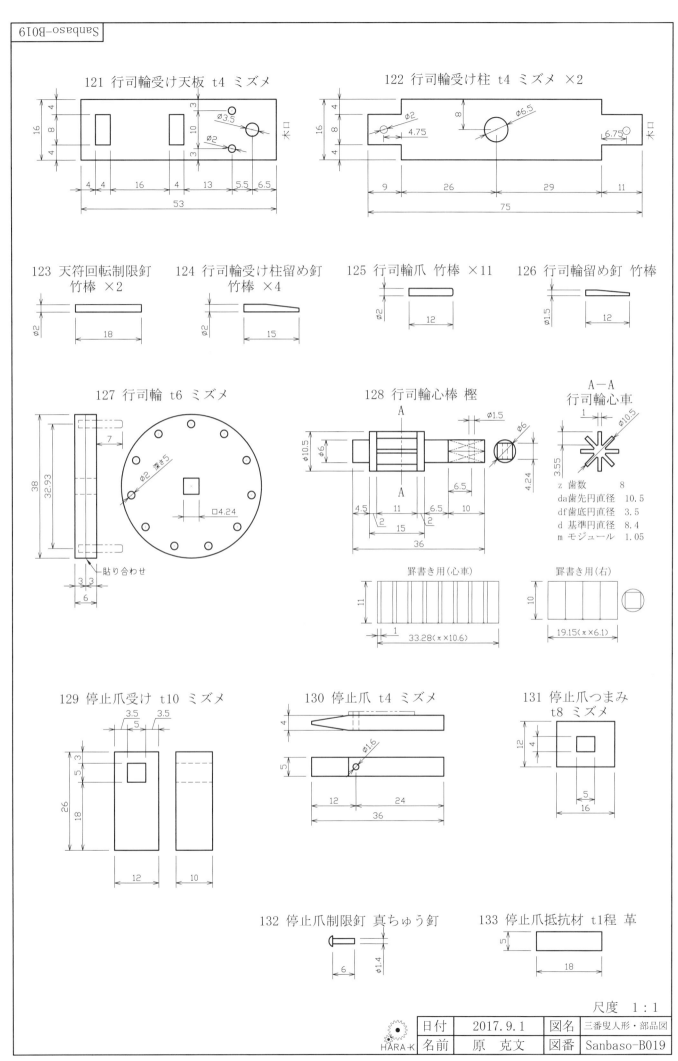

134 天符心棒 竹

135 天符 t5 ミズメまたは黒檀
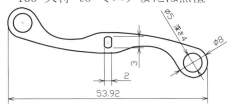

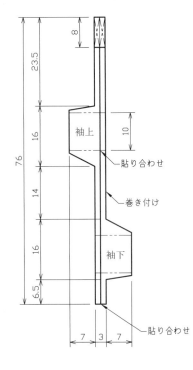

136 天符錘 鉛 ×2

137 天符心棒しばり糸 φ0.6、長さ150mm程 絹糸

138 天符心棒袖補強和紙 t0.1程 和紙
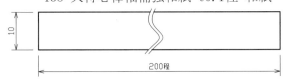

139 天符心棒座金 t2 竹

140 天符心棒受け t5 ミズメ
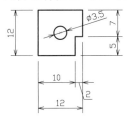

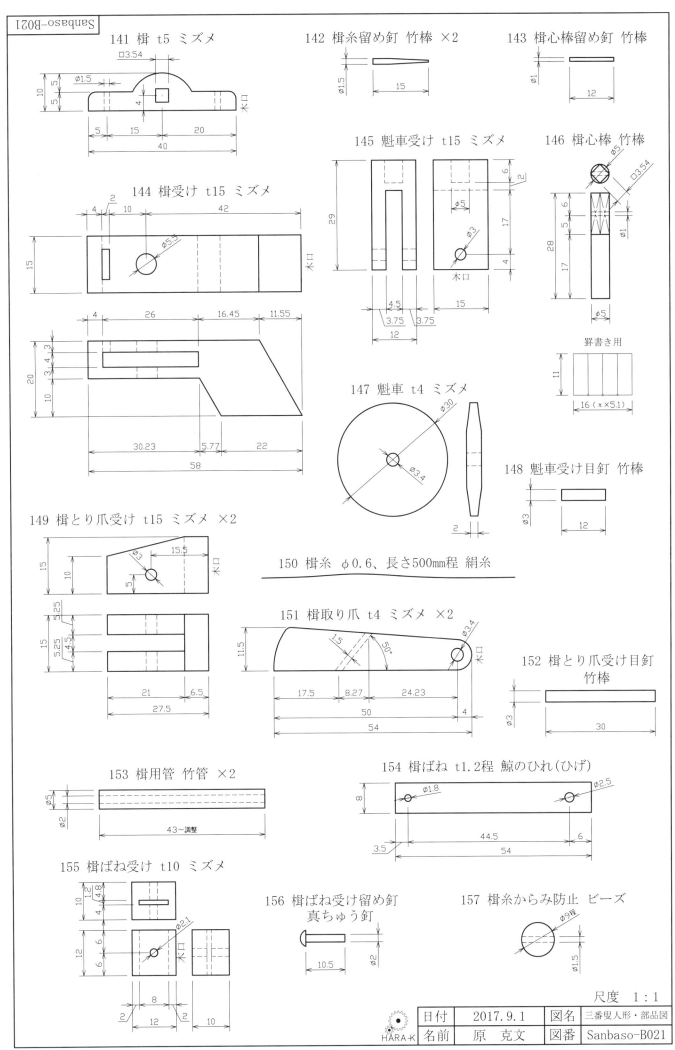

158 動輪切換爪 t3 ミズメ ×2

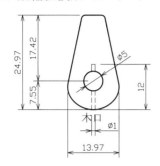

159 動輪切換爪受け t15 ミズメ

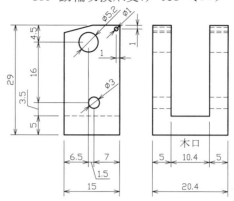

160 動輪切換爪受け目釘 竹棒 ×2

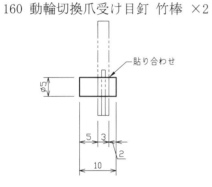

161 動輪切換糸滑り棒 竹棒

162 動輪切換爪制限釘 竹棒

163 動輪切換糸 φ0.6、長さ250mm程 絹糸 ×2

164 動輪切換糸誘導棒 竹棒 ×2

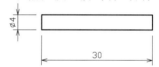

165 動輪切換板 t0.8 真ちゅう板 ×2   166 動輪切換板受け t5 ミズメ ×2

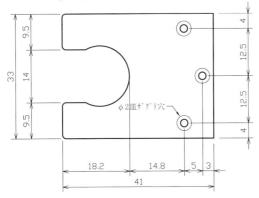
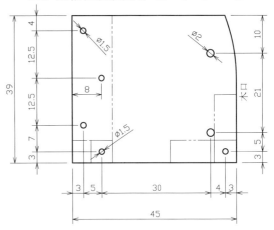

167 動輪切換板受け支え棒　□6 ミズメ ×2

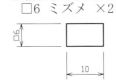

168 動輪切換板受け補強板　t6 ミズメ ×4

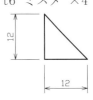

169 動輪切換板受け支え棒留め釘　竹棒 ×2

170 動輪切換軸留め釘　竹棒 ×2

171 動輪切換軸誘導棒　竹棒 ×4

172 動輪切換糸留め釘　竹棒 ×2

173 動輪切換軸 □6 ミズメ

174 動輪切換板留めねじ　皿もくねじ ×6

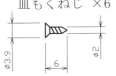

175 動輪切換軸留め材（上）　φ4磁石（MK-6）×2

176 動輪切換軸留め材（下）　φ5磁石（MK-1）×2

尺度　1:1

| 日付 | 2017.9.1 | 図名 | 三番叟人形・部品図 |
| 名前 | 原　克文 | 図番 | Sanbaso-B023 |

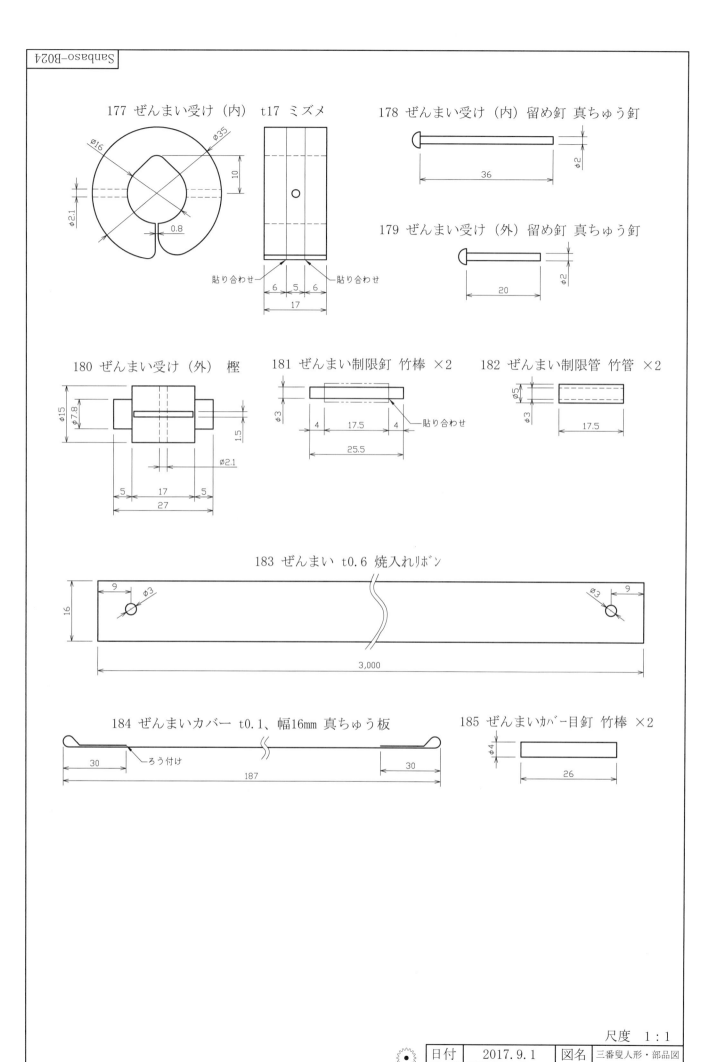

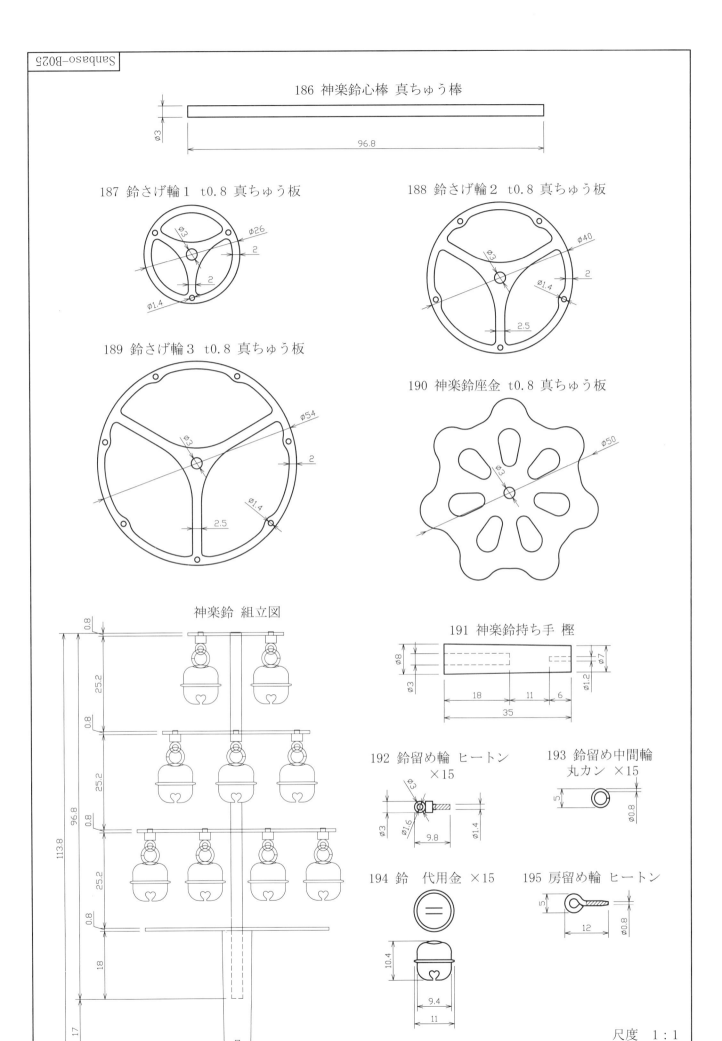

房 組立図

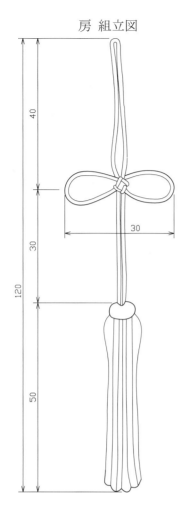

196 房飾り糸 φ1.5程 長さ500mm程 絹糸

197 房糸 φ0.2程 長さ80mm程
　　絹糸（ミシン糸）×160本程

198 扇

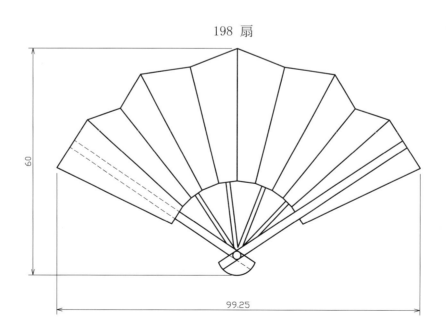

尺度 1:1

日付	2017.9.1	図名	三番叟人形・部品図
名前	原　克文	図番	Sanbaso-B026

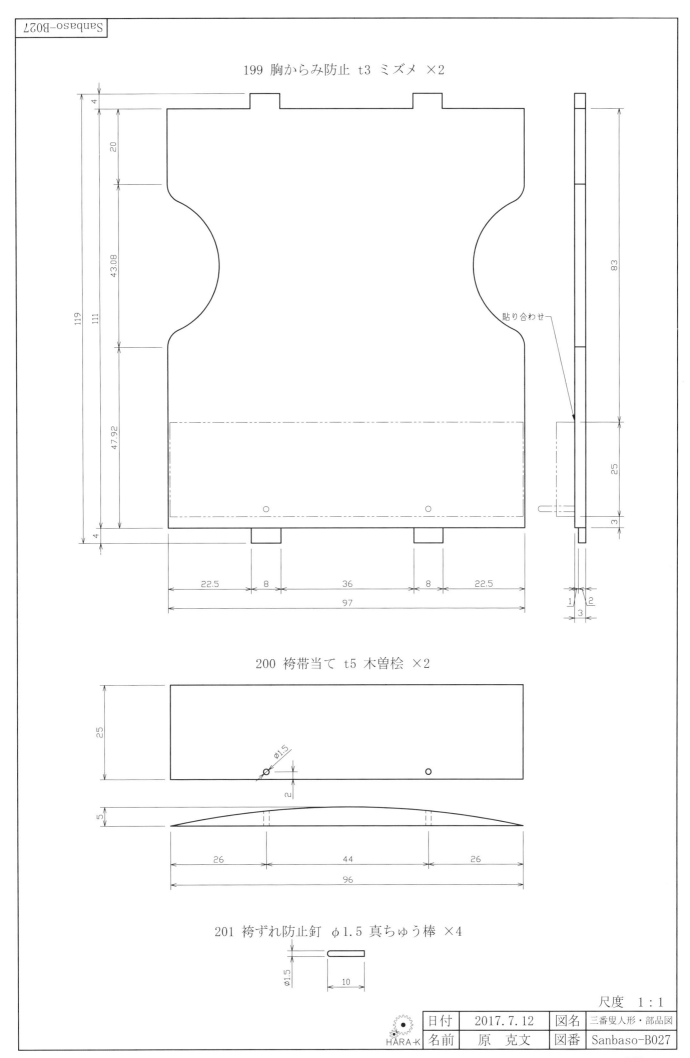

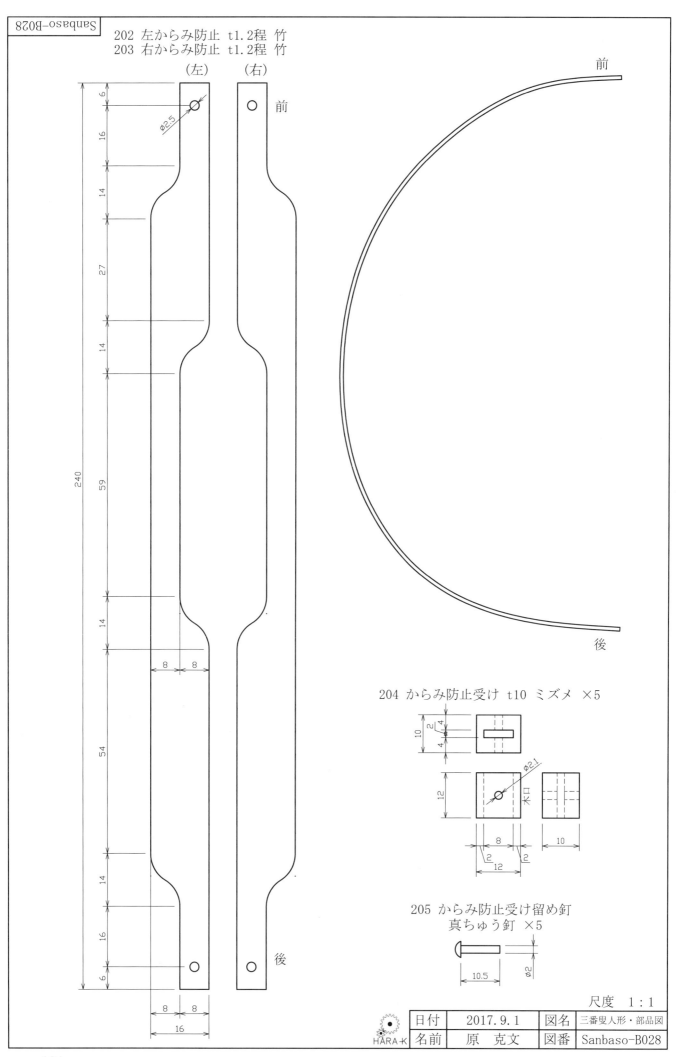

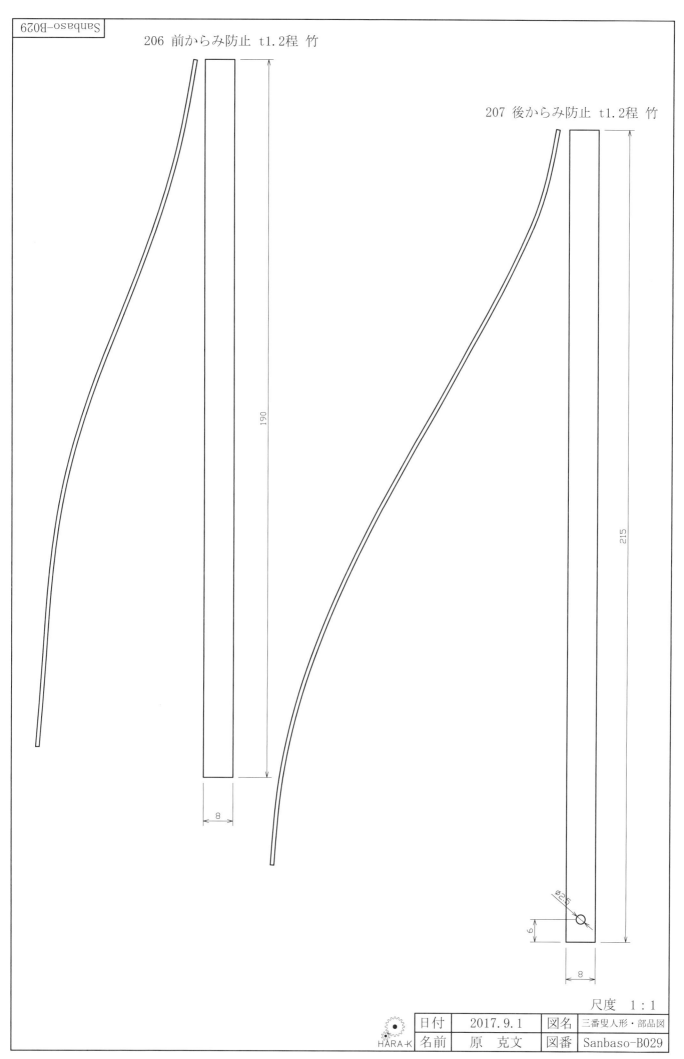

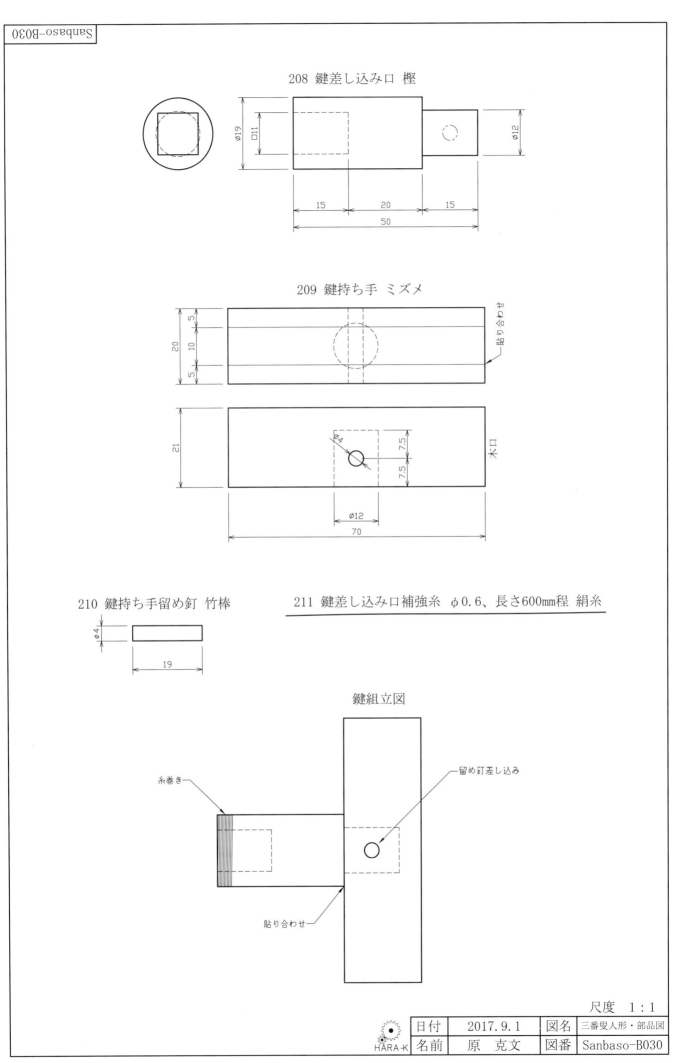

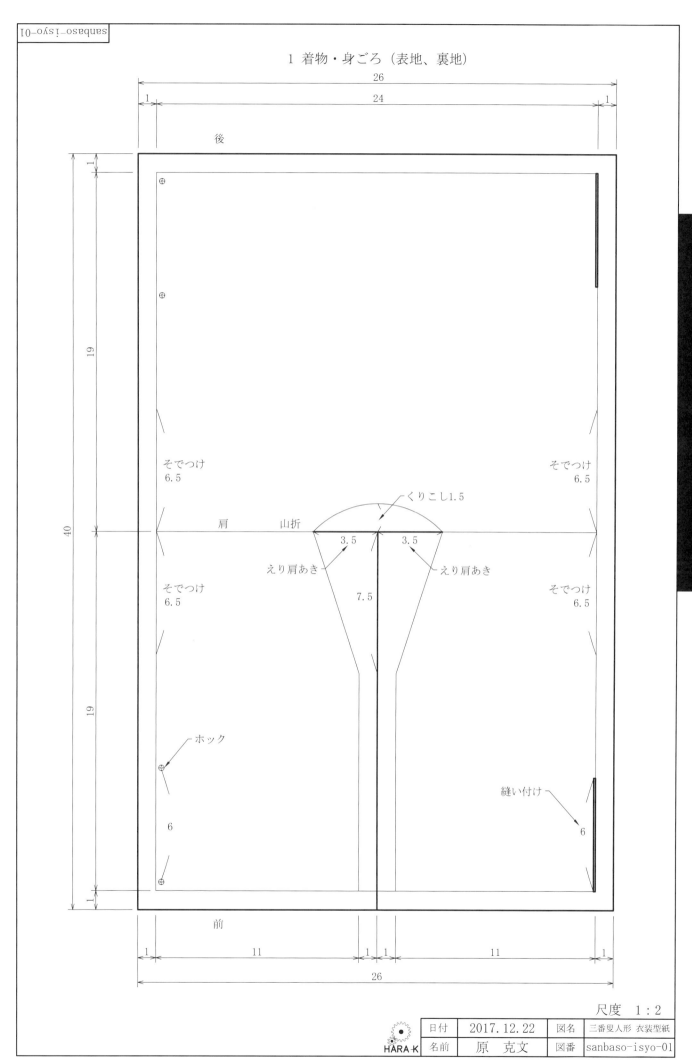

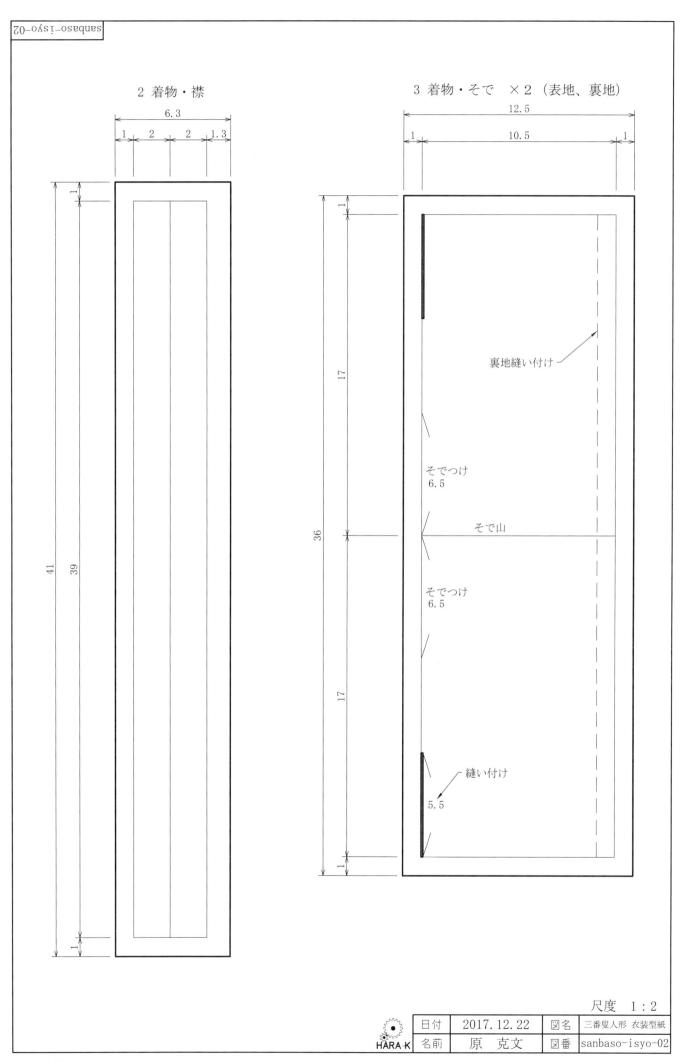

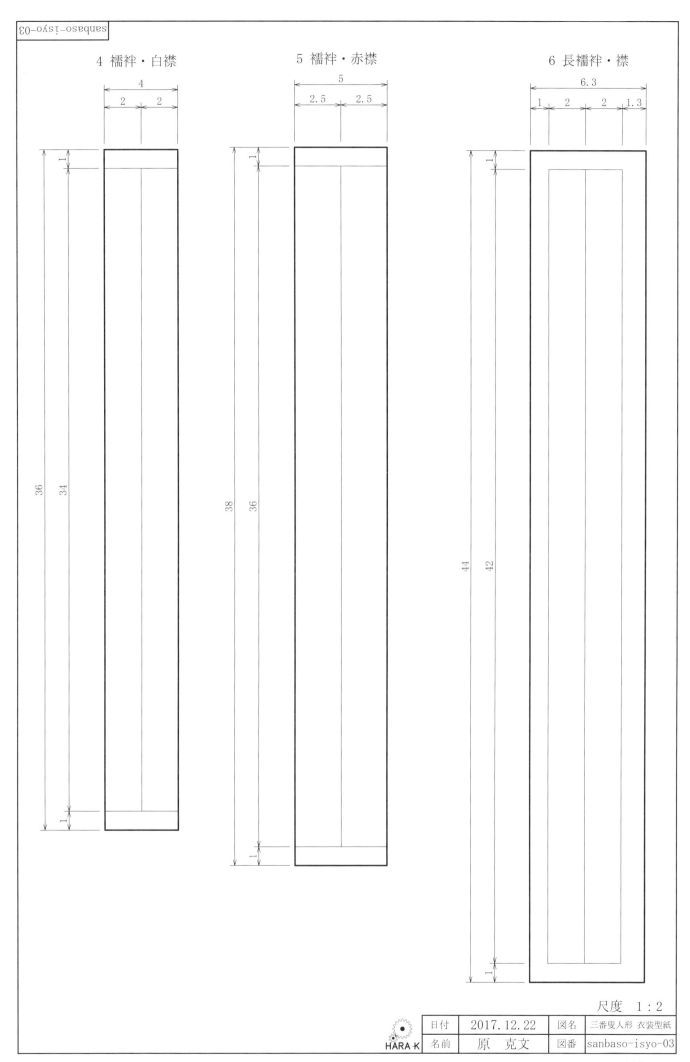

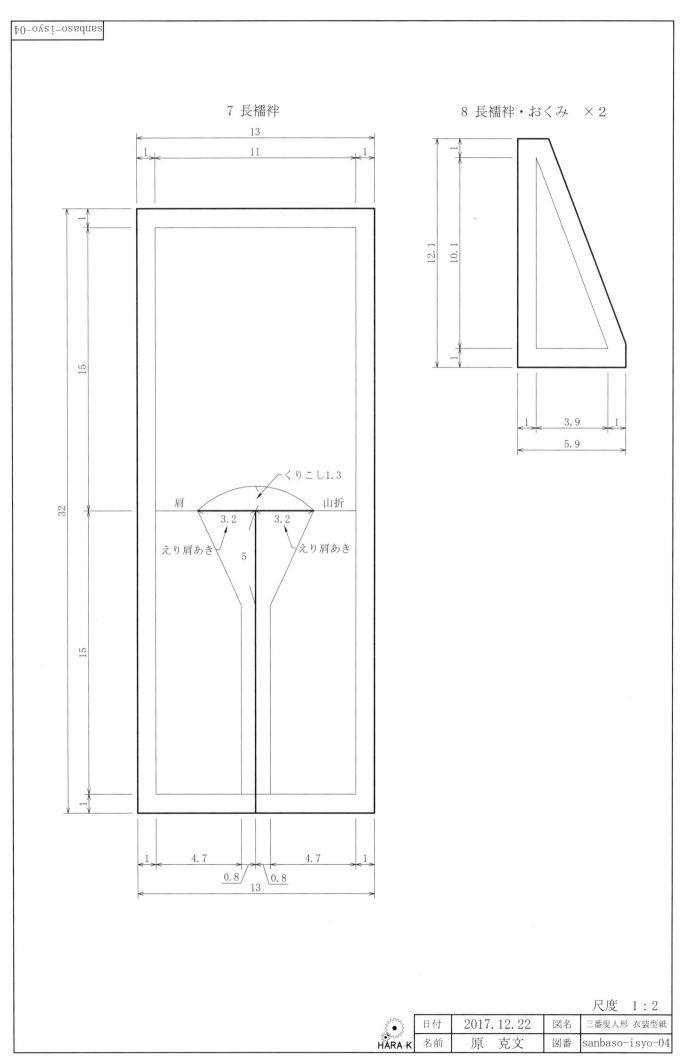

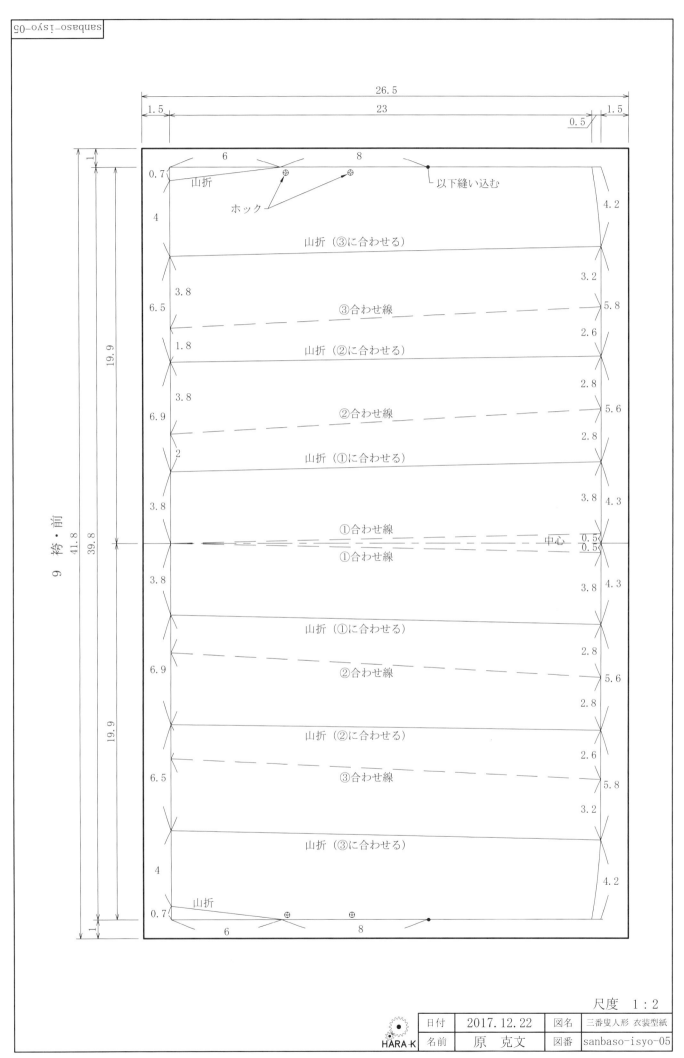

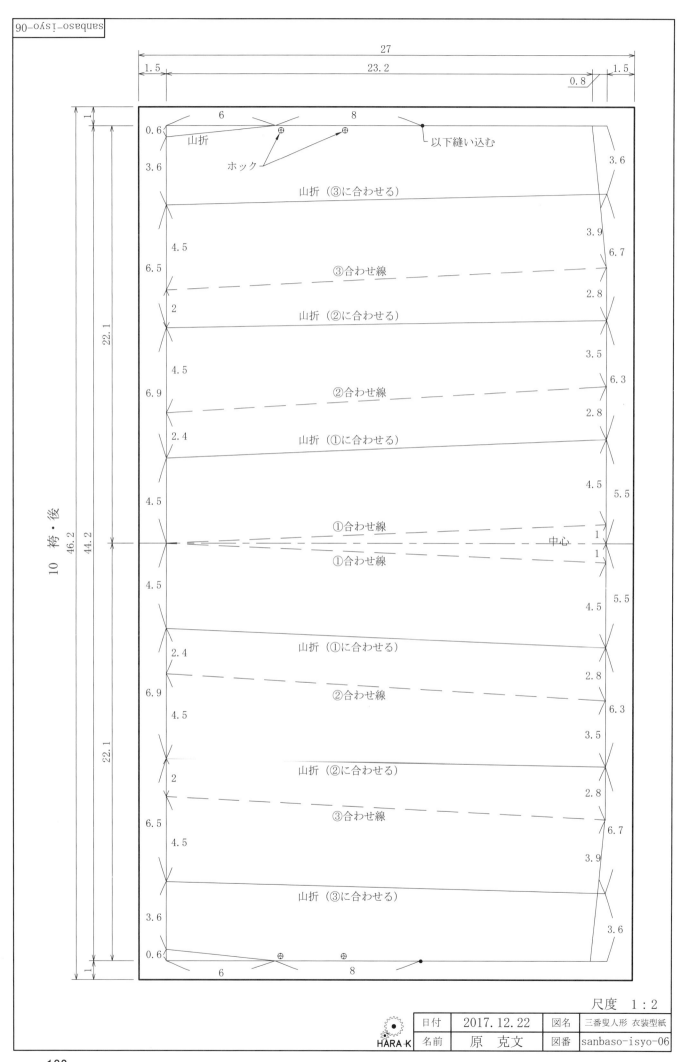

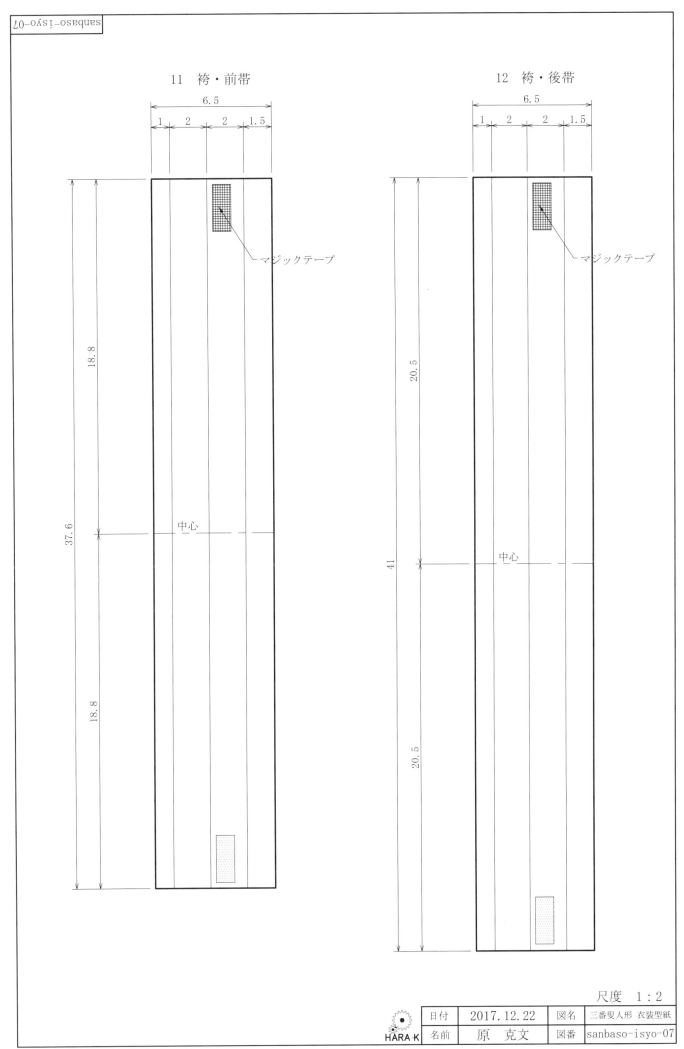

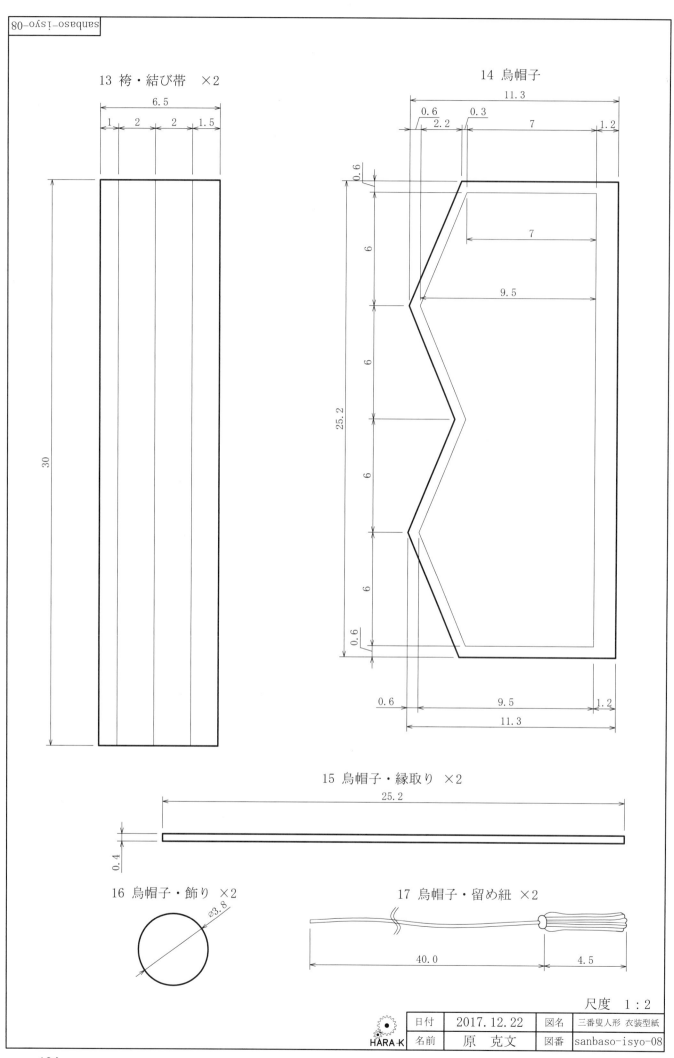

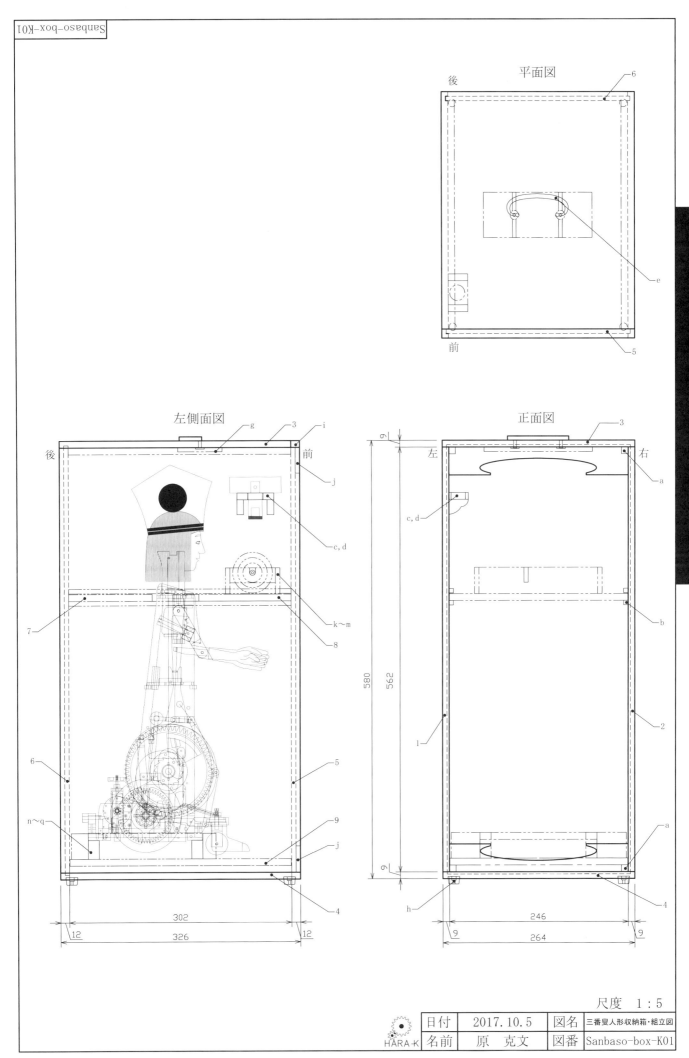

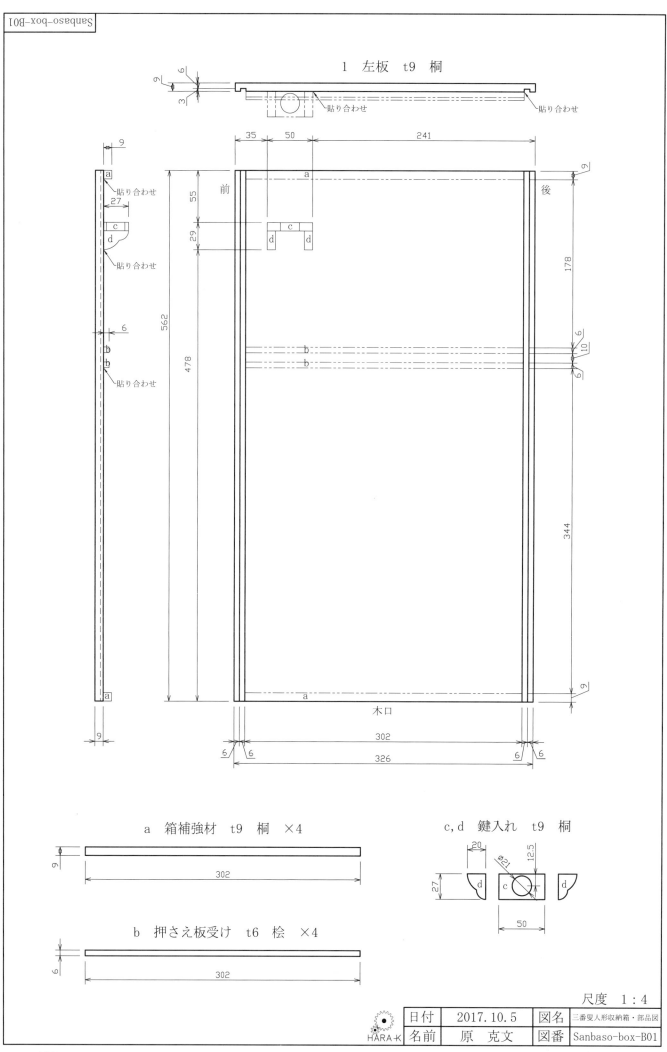

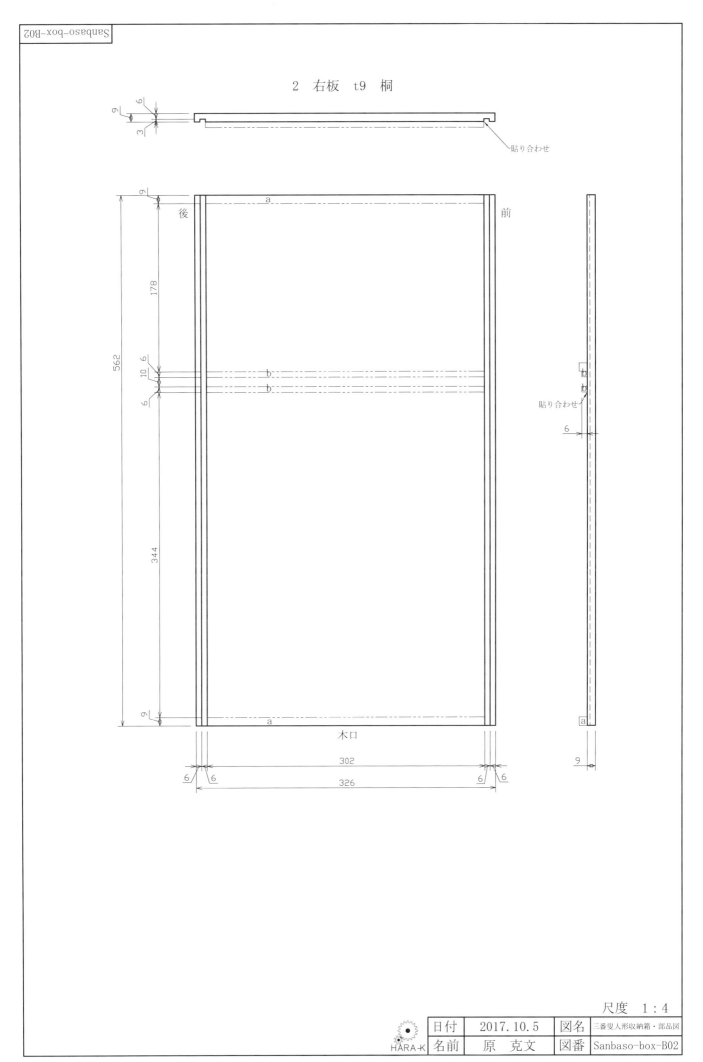

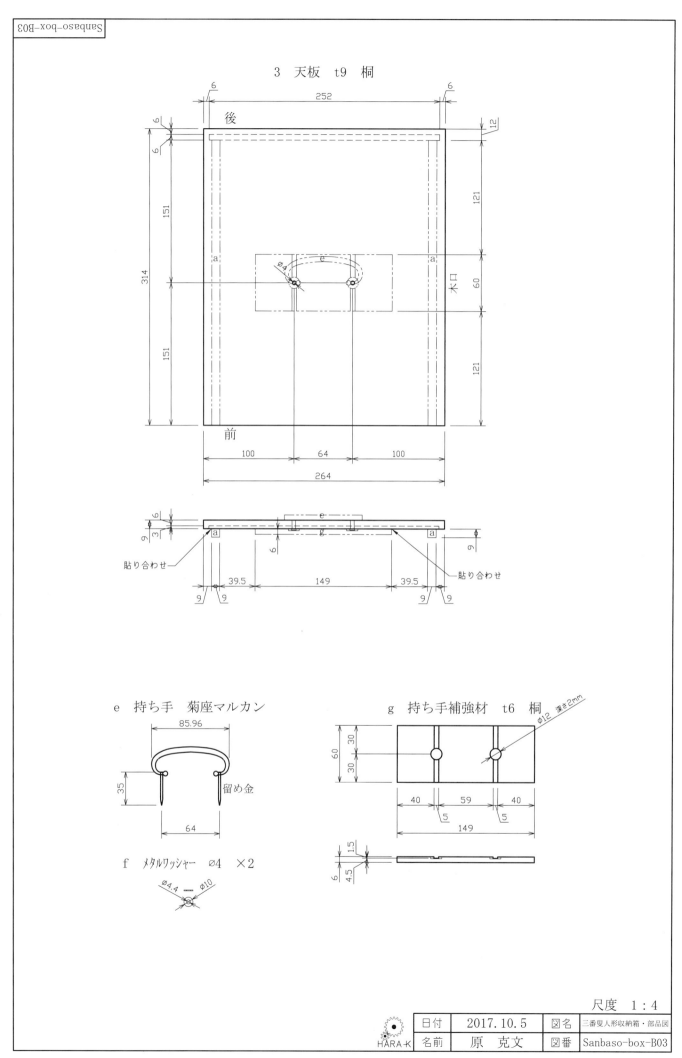

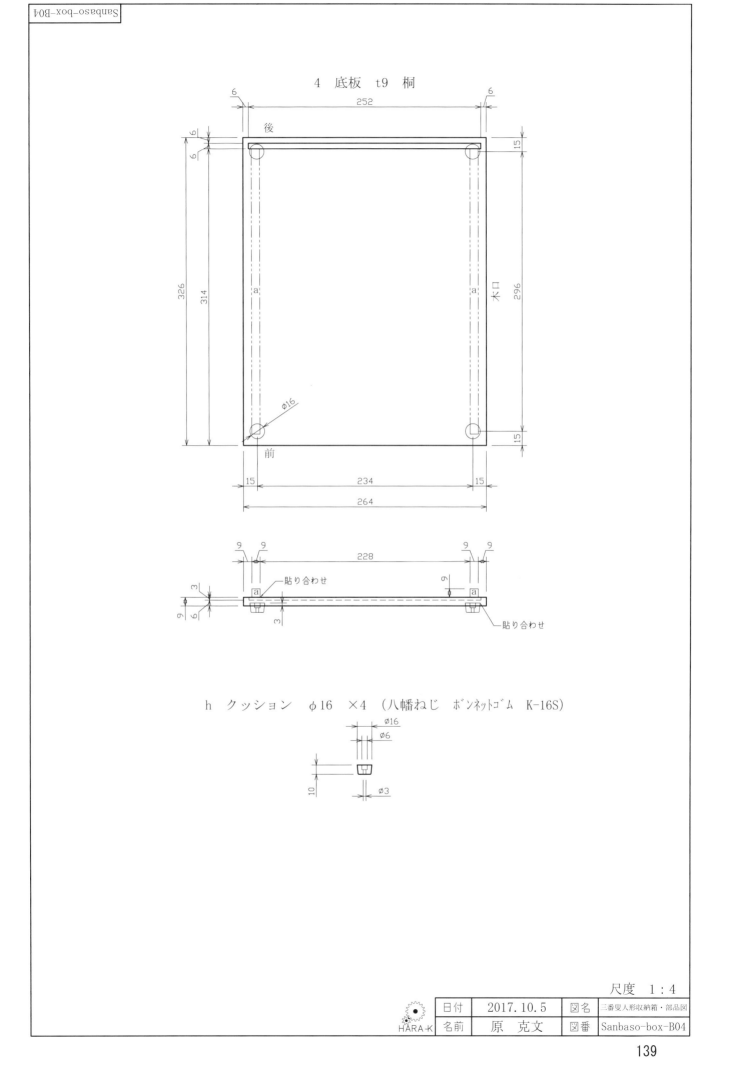

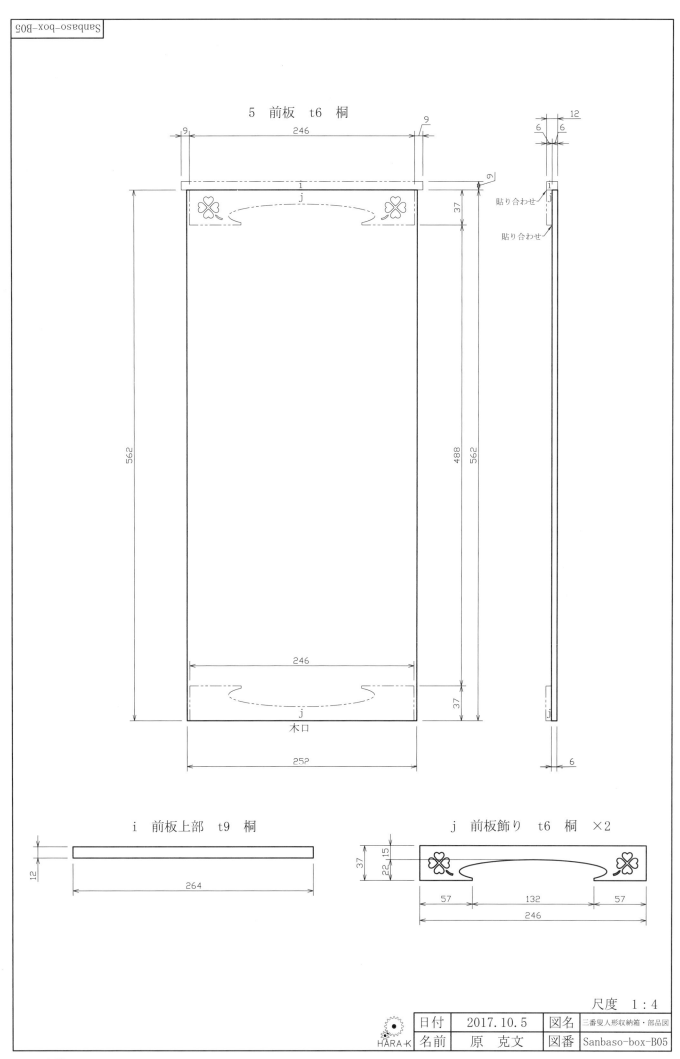

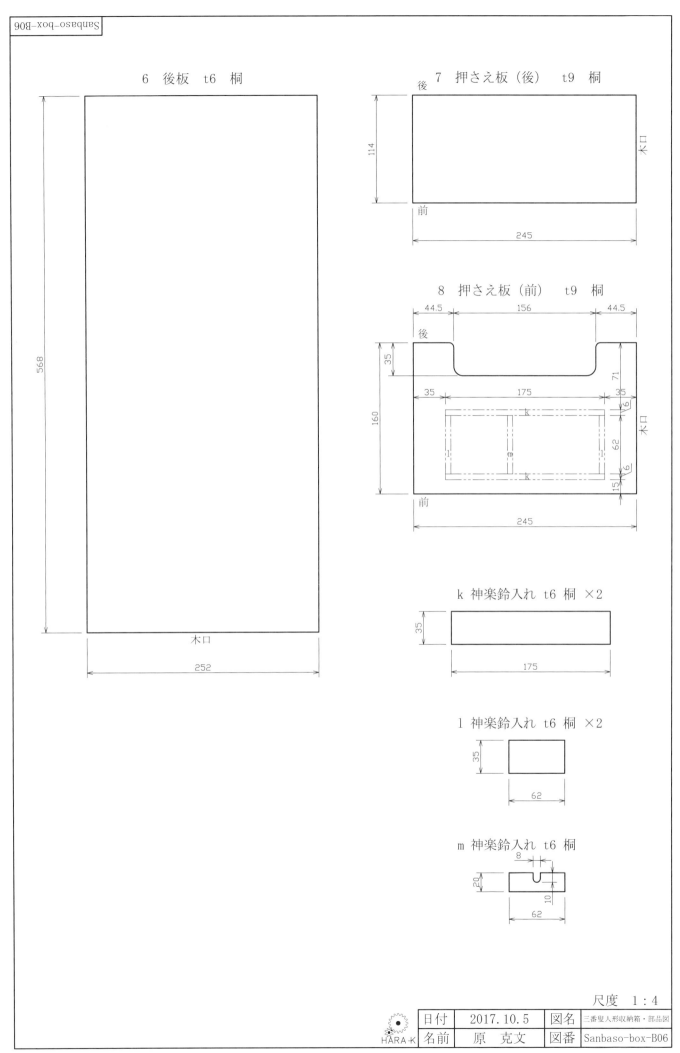

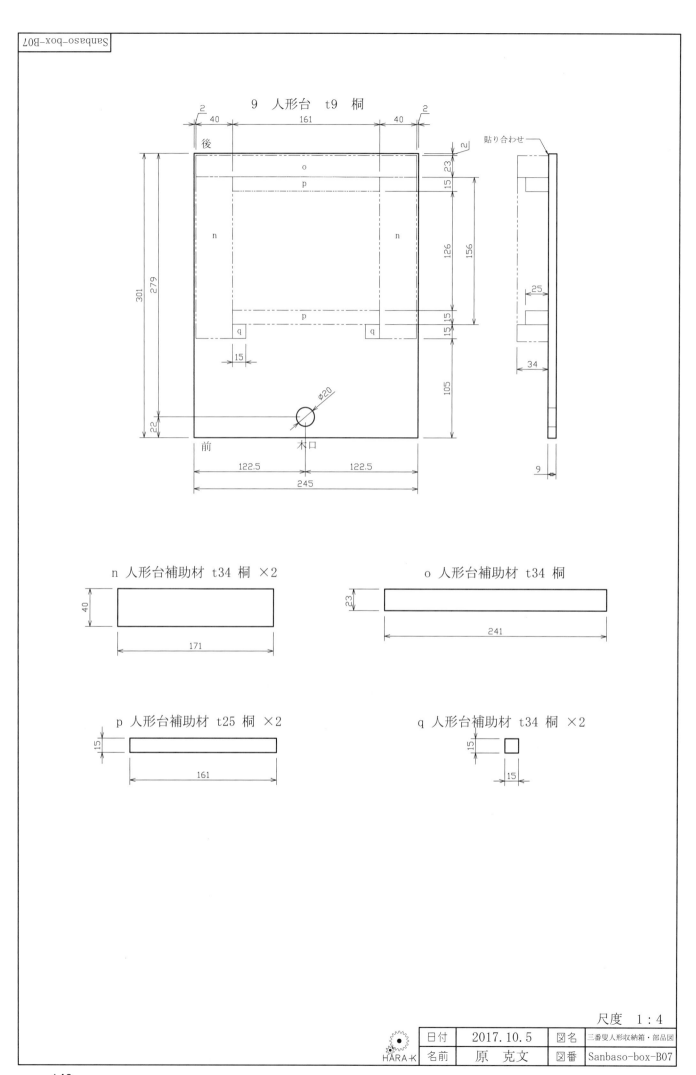

参考書籍・文献

ものづくりのために参考とした書籍・文献です。

書籍名/刊行年	著者	発行所
からくり玩具をつくろう/2002	鎌田道隆・安田真紀子	河出書房新社
動くおもちゃ AUTOMATA/2002	西田明夫	婦人生活社
摩訶不思議図鑑 ～動くおもちゃ・オートマタ 西田明夫の世界～/2009	有馬玩具博物館	土屋書店
小黒三郎・組み木シリーズ2 日本昔ばなしと動物たち/第5刷2000	小黒三郎	創和出版
家族で楽しむ 糸のこ木工/2002	小田桐充	婦人生活社
手作りで楽しむ 茶運び人形/第2刷2002	坂野進	パワー社
からくり「茶運び人形」の復元－小山高専 電子制御工学科/1998	金野茂男	Web公開
「五段返り人形」の復元/2000	金野茂男	Web公開
NHK趣味悠々 大人が作って遊ぶ木のおもちゃ/2002	日本放送協会	日本放送出版協会
NHK趣味悠々 つくって遊ぶ！からくり玩具/2004	日本放送協会	日本放送出版協会
NHK趣味工房 直伝和の極意 あっぱれ！江戸のテクノロジー/2011	日本放送協会	NHK出版
機械的位置エネルギーを利用した空中ブランコロボットの開発 vol.26 No.2p.184～191/2008	西堀賢司 他	日本ロボット学会誌 論文
学研グラフィックブックス2 微笑に隠された江戸のハイテクの秘密 からくり人形/2002	鈴木一義	学習研究社
図説からくり 遊びの百科/2002	立川昭二他	河出書房新社
ものと人間の文化史3 からくり/第15刷1997	立川昭二	法政大学出版局
細川半蔵頼直先生著 機巧図彙/1995	細川半蔵頼直	高知県南国市立教育研究所
機巧図彙/1796	細川半蔵頼直	豊橋市図書館Web公開
江戸科学古典叢書3 璣訓蒙鑑草三巻・機巧図彙三巻/第4刷2004	菊池俊彦	恒和出版
弓曳き童子の再生/1998	峰崎十五	タイガー社
大江戸ものしり図鑑/第10刷2006	花咲一男	主婦と生活社
日本の技術者－江戸・明治時代－/2004	中山秀太郎	技術史教育学会
見て楽しむ江戸のテクノロジー/2006	鈴木一義	数研出版
完訳からくり図彙/2014	村上和夫	並木書房
田中久重・ぎえもん －「夢と勇気と創造力」を求めて－/1994	久留米青年会議所	久留米青年会議所
からくり人形の世界－その歴史とメカニズム－/2012	安城市歴史博物館	安城市歴史博物館
からくり人形師 玉屋庄兵衛の世界展～伝統と継承の技のすべて～/第2刷2006	NHK中部ブレーンズ	NHK中部ブレーンズ
からくり夢工房/1994	「からくり夢工房」展 実行委員会	光琳社
からくり人形 木偶師 二代目萬屋仁兵衛/2011	佐藤智佳	印刷の洋光
ほんとに動くおもちゃの工作/1999	加藤孜	コロナ社
エンジニアがつくる不思議おもちゃ/第2刷2004	大東聖昌	工業調査会
やさしくわかる歯車のしくみ/2007	小林義行	誠文堂新光社
KHK総合カタログ歯車技術資料 3011 VOL.2/第2刷2010	小原歯車	小原歯車
KG STOCK GEARS CATALOGUE No.KG803/第3版2005	協育歯車	協育歯車
メカニズムの事典/第30刷2010	伊藤茂	理工学社
手づくり木工大図鑑/第2刷2008	田中一幸・山中晴夫	講談社
木材大事典170種/2008	村山忠親	誠文堂新光社

著者紹介

原　克文 （はら　かつふみ）

1947年 佐賀県小城生まれ。
　　　 幼少の頃より、ものづくりに興味をしめす。
2002年 ものづくりを始める。
2005年 茶運び人形を作る。
2006年 東野進氏（現代の名工・からくり技師）主宰のからくり研修会に参加する。
　　　 以後、押しかけ弟子を自称し、東野工房に頻繁に出入りする。
2007年～2013年 段返り人形、茶酌娘、弓曳き童子、文字書き人形等を復元・製作する。
2015年 自動指南車・みちびき を作る。
2016年 連理返り人形を復元する。
2017年 三番叟人形を復元（改変）する。

著書　　江戸からくり 巻1 茶運び人形復元　　（2014年発刊）
　　　　江戸からくり 巻2 段返り人形復元　　（2015年発刊）
　　　　江戸からくり 巻3 連理返り人形復元　（2016年発刊）

現在　　兵庫県高砂市在住。
　　　　江戸からくり人形の製作を続けながら、普及活動中。

ホームページ　URL　http://hara-k.art.coocan.jp　　はらっく工房　検索☞
※ご質問、お問い合わせは、ホームページのメールからお願いします。
　メール本文に具体的な事象を書いていただき、できるだけ画像の添付をお願いします。

江戸からくり 巻4 三番叟人形復元

2018年4月30日　初版　第一刷発行
著者　　　原　克文
発行者　　谷村　勇輔
発行所　　ブイツーソリューション
　　　　　〒466-0848 名古屋市昭和区長戸町4-40
　　　　　電話　052-799-7391
　　　　　FAX　052-799-7984
発売元　　星雲社
　　　　　〒112-0005 東京都文京区水道1-3-30
　　　　　電話　03-3868-3275
　　　　　FAX　03-3868-6588
印刷所　　藤原印刷

本書の一部または全部の複写・複製を、許可なく行うことを禁じます。
乱丁、落丁はお取り替えいたします。
定価はカバーに表示してあります。
©Katsufumi Hara 2018 Printed in Japan　ISBN 978-4-434-24554-1